我的STEAM遊戲書

科學動手讀

SCIENCE Scribble Book

本書裡的各項發現，由本人動手完成：

作者／愛麗絲・詹姆斯（ALICE JAMES）

繪者／佩卓・邦恩（PETRA BAAN）

設計／艾蜜莉・巴登（EMILY BARDEN）

翻譯／江坤山

顧問／科學教師暨教育專家 卡蘿・肯瑞克（CAROLE KENRICK）

遠流

目錄

尋找夜空裡的恆星、行星和流星。

幫這條蛇偽裝起來，讓牠可以躲藏在雨林的家中。

畫出動物在地球上的遷徙路線。

利用超強奈米管設計交通工具。

找出著名科學家的發現。

科學是什麼？

科學是透過調查、實驗和探索等方法，來了解事物是怎麼運作的學問。有些事物很大，像外太空的行星，有些很小，像原子裡的微小粒子。

科學家會問什麼問題呢？他們會問：

科學有三個主要分支

物理學

研究事情為什麼發生的科學。

下面這些是物理學的問題：

原子裡面是什麼？

黑洞的底部有什麼？

太空是由什麼組成的？

化學

研究物質的科學，例如某種東西是由什麼組成的，以及它的特性。

下面這些是化學的問題：

把東西融化或冰凍起來會發生什麼事？

宇宙中有多少種化學元素？

47 Ag 銀 108

6 C 碳

2 He 氦 4

生物學

研究生物的科學，包括人類在內。

下面這些是生物學的問題：

最早的生物長什麼樣子？

傳染病是怎麼散播的？

我們人類有什麼特別的呢？

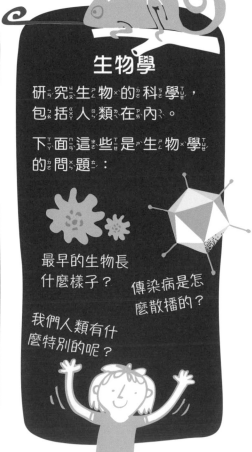

這本書裡有什麼？

想研究科學，並不需要一間充滿設備的實驗室。重點是會問問題，以及設法找出答案。這本書裡面滿滿都是點子，讓你可以……

設計
DESIGN
EXPLORE
探索
Imagine
想像
發明
INVENT
SOLVE
解決
問題

TEST
進行測試

你需要什麼？

想讀好這本書，大多時候只需要這本書本身和一枝筆。有些地方可能會用到紙張、膠水或膠帶，以及剪刀。

連結

如果想下載書裡的樣板，請前往 ys.ylib.com/activity/STEAM/SCIENCE/。請大人幫忙列印，上網時也別忘了遵守線上安全的規則。

科學家怎麼思考？

科學家通常會觀察周遭的世界，並且提出相關的問題。

有些事情是如何發生的？又為什麼會發生？你想過這類科學問題嗎？利用下面的空白，寫出你想到的問題。

什麼？

如何？

為什麼？

為什麼人
有記憶？
企鵝會打
噴嚏嗎？
有沒有外星人？
時間是什麼？
重的東西比
輕的東西更
快落下嗎？

提出問題之後，科學家會設計實驗來測試想法。請你從剛剛提出的問題中挑選出一個題目，寫下你會怎麼進行測試。可以參考右邊的點子。

問題：

怎麼測試？

科學家把測試辦法稱為方法。

有沒有外星人？

前往每一顆行星，看看上面住了什麼生物。

發射訊號到太空中，看看能不能收到回應。

重的東西比輕的東西更快落下嗎？

從同樣的高度讓重的和輕的物體同時掉下，看看哪一種先著地。

從椅子上讓羽毛和石頭同時掉下：結果同時著地。

從桌上讓書本和迴紋針同時掉下：結果同時著地。

想要證明一件事，必須重複進行很多次實驗，而且必須每一次都得到相同的結果。

接著，如果可以，試著測試你的問題。把測試的過程和結果寫下來。

測試結果：

結論：

你的測試結果告訴你什麼？

如果你無法自己測試問題（例如，尋找外星人……），可以試著上網查詢或參考書本，看看其他人怎麼想。

也有完全無法測試的問題，這時科學家會進行想像實驗。想要了解更多，請翻到第 72 ～ 73 頁。

關於你的科學

姓名：＿＿＿＿＿＿＿＿＿＿　　生日：＿＿＿＿＿＿＿＿＿＿

頭髮的顏色

選出你頭髮的顏色，圈起來或打勾勾。

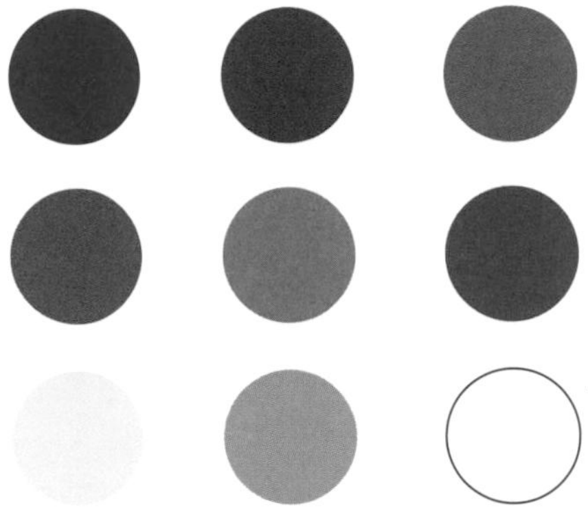

如果找不到你的髮色，請畫在這個圈圈裡。

頭髮的類型：

- [ ] 直髮
- [ ] 波浪狀
- [ ] 捲髮

我們身體的細胞裡藏有化學指令，可以決定頭髮的顏色，這些化學指令就是基因。亞洲人的頭髮大都是深褐、黑色。世界上只有 1% 的少數人是紅髮，他們擁有稀少的 MC1R 基因。

眼睛的顏色

選出你眼睛的顏色，圈出來或打勾勾。如果感到不確定，請照照鏡子仔細看一看。

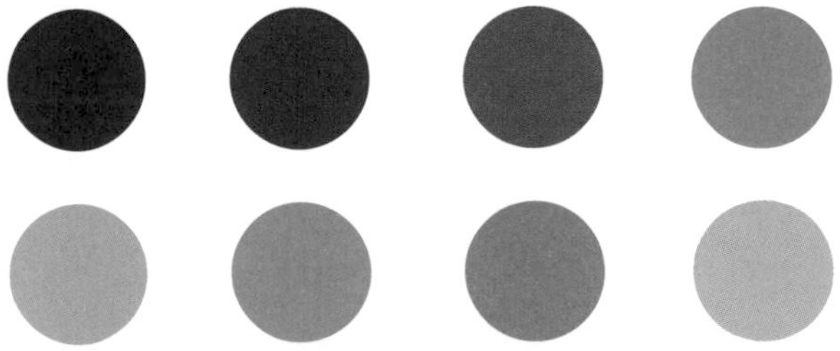

幫這隻眼睛塗上顏色，讓它看起來就像你的眼睛。

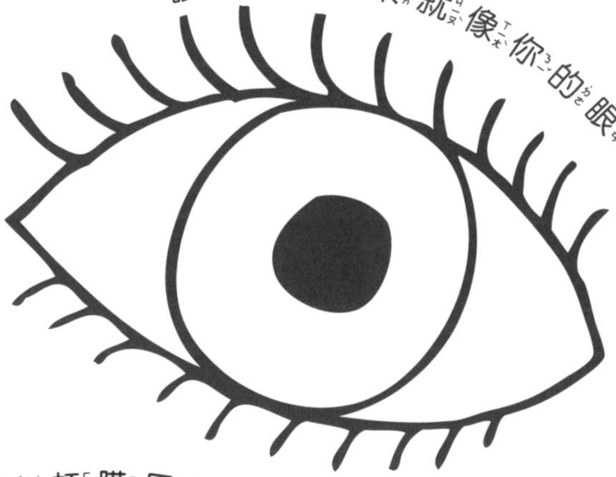

眼睛裡有顏色的部分稱為虹膜，顏色來自黑色素。黑色素愈多，虹膜的顏色看起來愈深。

有些人的虹膜周圍有更深的一圈顏色，這個圈稱為角膜緣環。

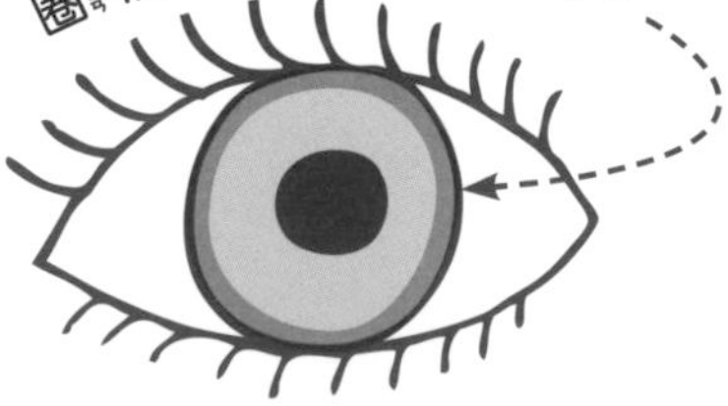

你有角膜緣環嗎？

- [ ] 有
- [ ] 沒有

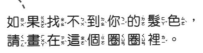

左撇子或右撇子

☐ 左撇子 ☐ 右撇子

在這個方格裡快速畫上幾筆。

左撇子通常會畫成這樣。

右撇子通常會畫成這樣。

試著以不常用的那隻手寫名字，大多數的人會覺得很困難。

- -

如果覺得很輕鬆，表示你能**左右開弓**，兩隻手都很靈巧，這種人相當少。

慣用眼

☐ 左眼 ☐ 右眼

看東西時， 我們的大腦會把來自兩隻眼睛的影像結合起來， 但大多數的人有慣用眼， 也就是說， 大腦會偏好使用某一隻眼睛。 試試這項簡單的實驗， 找出你的慣用眼。

用雙手比出三角形， 把某一樣物體對準三角形中央。 像右圖一樣。

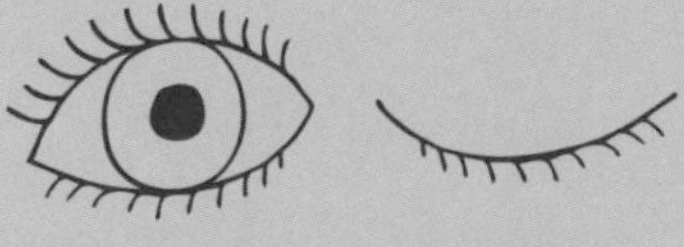

輪流閉上左右兩眼。 如果閉上某隻眼睛時， 物體跳開或移開， 那隻眼睛就是你的慣用眼。

幾乎有三分之二的人，慣用眼都是右眼。

閃電般的反應

利用這本書封底的尺，測試你的反射動作。

你可以在封底左側找到尺。

1. 右手拿書，讓尺面朝向自己，讓 0 位在下方。

2. 放開手，左手用最快的速度抓住書。

3. 看一下尺，最接近你左手拇指的數字就是你的分數。

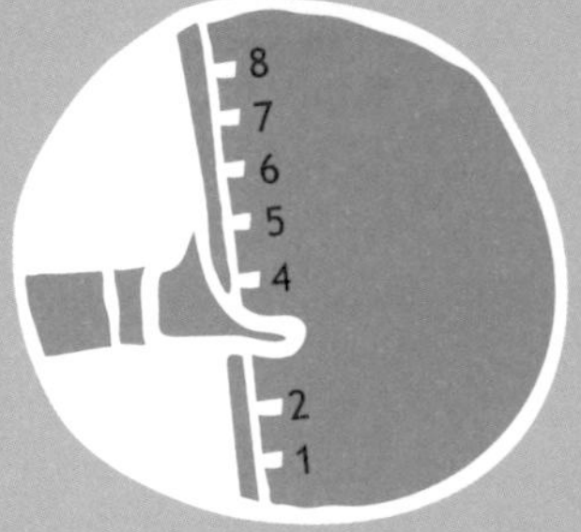

多試幾次，記下分數，看看自己是否進步了。

第一次：______________________

第二次：______________________

第三次：______________________

數字愈小＝反射動作愈快

請朋友幫你拿書做測試，效果會更好，因為這樣一來，你得真的做出反應。互相比賽，看看誰的速度比較快。

你的分數	朋友的分數

心臟噗通跳

把手平放在胸口，感覺心臟的跳動。

85, 86, 87
01:00

數一數，一分鐘內你感覺到幾次心跳呢？這是你的心跳率。

休息時的心跳率： 每分鐘＿＿＿＿＿＿＿＿下

年紀	每分鐘的平均心跳數
5～6歲	75～115
7～9歲	70～110
10歲（含）以上	60～100

年輕人的心跳
通常比年紀大
的人快。

跑步或開合跳一分鐘，接著再數一次你的心跳率。

運動後的心跳率：

每分鐘＿＿＿＿＿＿＿＿下

運動時，我們的肌肉會
努力工作，需要從血液
中獲得更多養分，所以
心跳率會上升。

行星探險家

科學家使用自動控制的車輛，來調查和探索火星、月球和小行星的表面，例如下方圖中的探測車。探測車能幫科學家尋找化學物質、水和生命的跡象。

攝影機能拍攝行星的照片
無線電發射器把訊息傳回地球
太陽能板可供給電力
雷射用來調查岩石和土壤
厚實的輪子能越過惡劣地形

名稱：機會號探測車

行星：火星

任務：調查岩石和坑洞，更重要的是尋找水的痕跡。

設計一輛探測車，用它來探索另一顆行星。

想想看……

它要去哪一顆行星？

這輛探測車要找什麼？

它的動力來自哪裡？
是電池？陽光？
或核能動力組？

它要怎麼把訊息傳回地球？

它如何移動？
用輪子？履帶？
還是彈簧腿？

它要如何越過岩石？穿過柔軟的沙地？

名稱：________________

行星：________________

任務：________________

____

彩虹折射器

一般光線看起來像是白色，但當中其實混合了多種色彩。光以波的形式前進，這些波有不同的波長，不同波長呈現不同的顏色。

利用一種稱為稜鏡的玻璃塊，可以把光線分開。

光碰到稜鏡之後會分開，形成光譜，讓我們看到七種顏色的光。

當光線穿過稜鏡，光波會彎折。這個過程稱為折射。

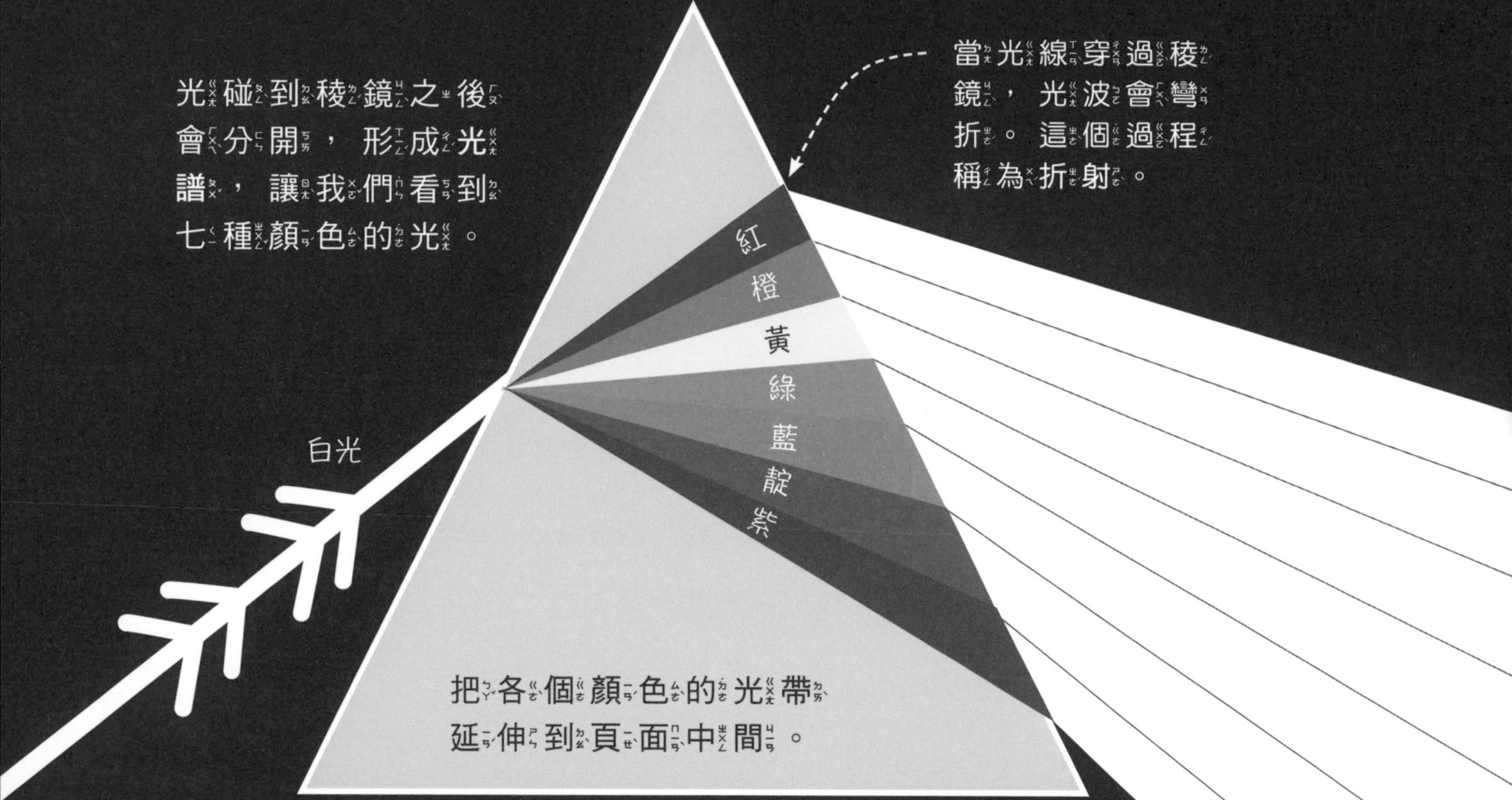

把各個顏色的光帶延伸到頁面中間。

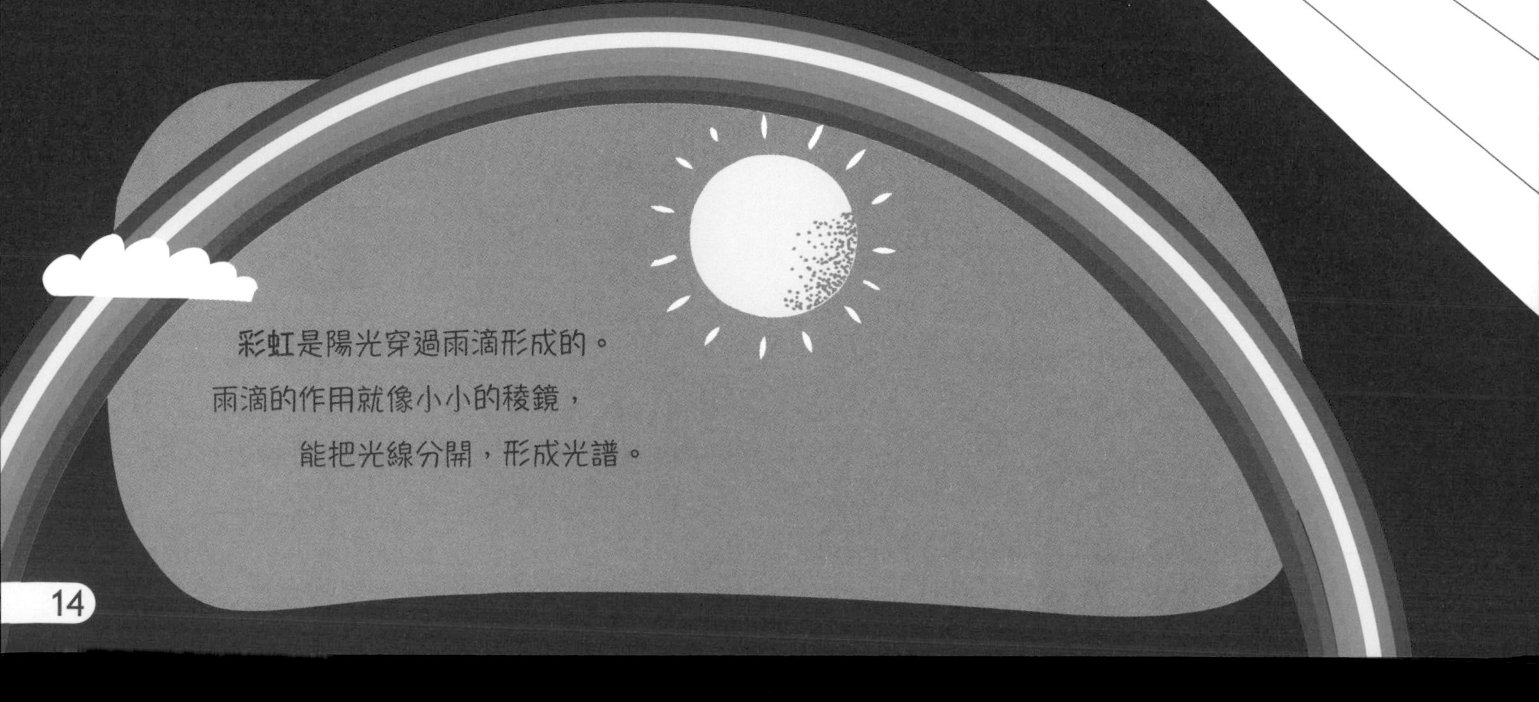

彩虹是陽光穿過雨滴形成的。
雨滴的作用就像小小的稜鏡，
能把光線分開，形成光譜。

紅光是長的波，紫光是短的波。

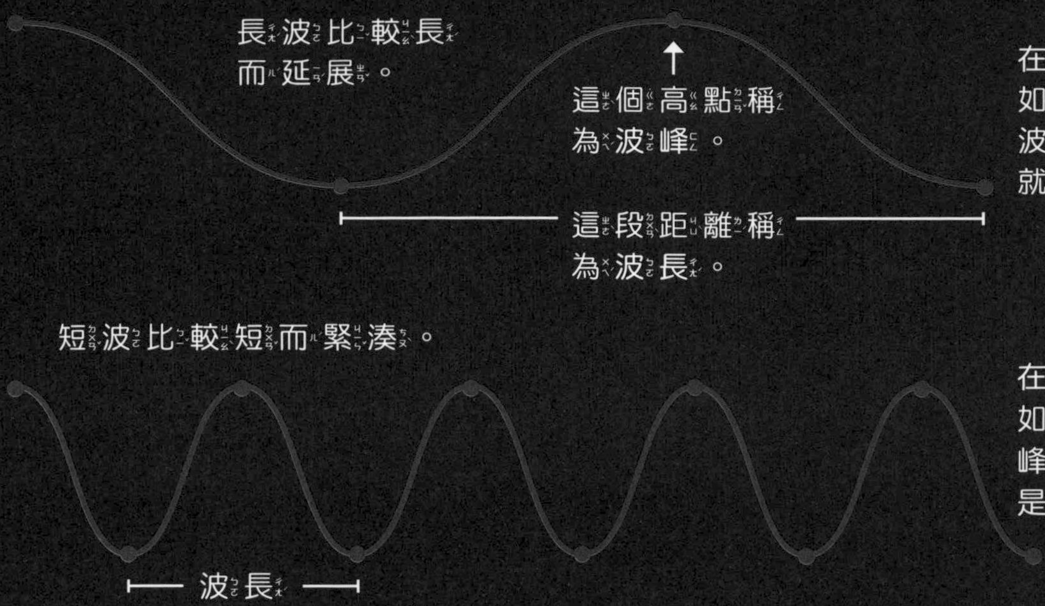
長波比較長而延展。
這個高點稱為波峰。
這段距離稱為波長。
短波比較短而緊湊。
波長

在一定距離內如果只有幾個波峰，這種波就是低頻的。

在一定距離內如果有很多波峰，這種波就是高頻的。

把下方的點連起來，畫出不同顏色的波。

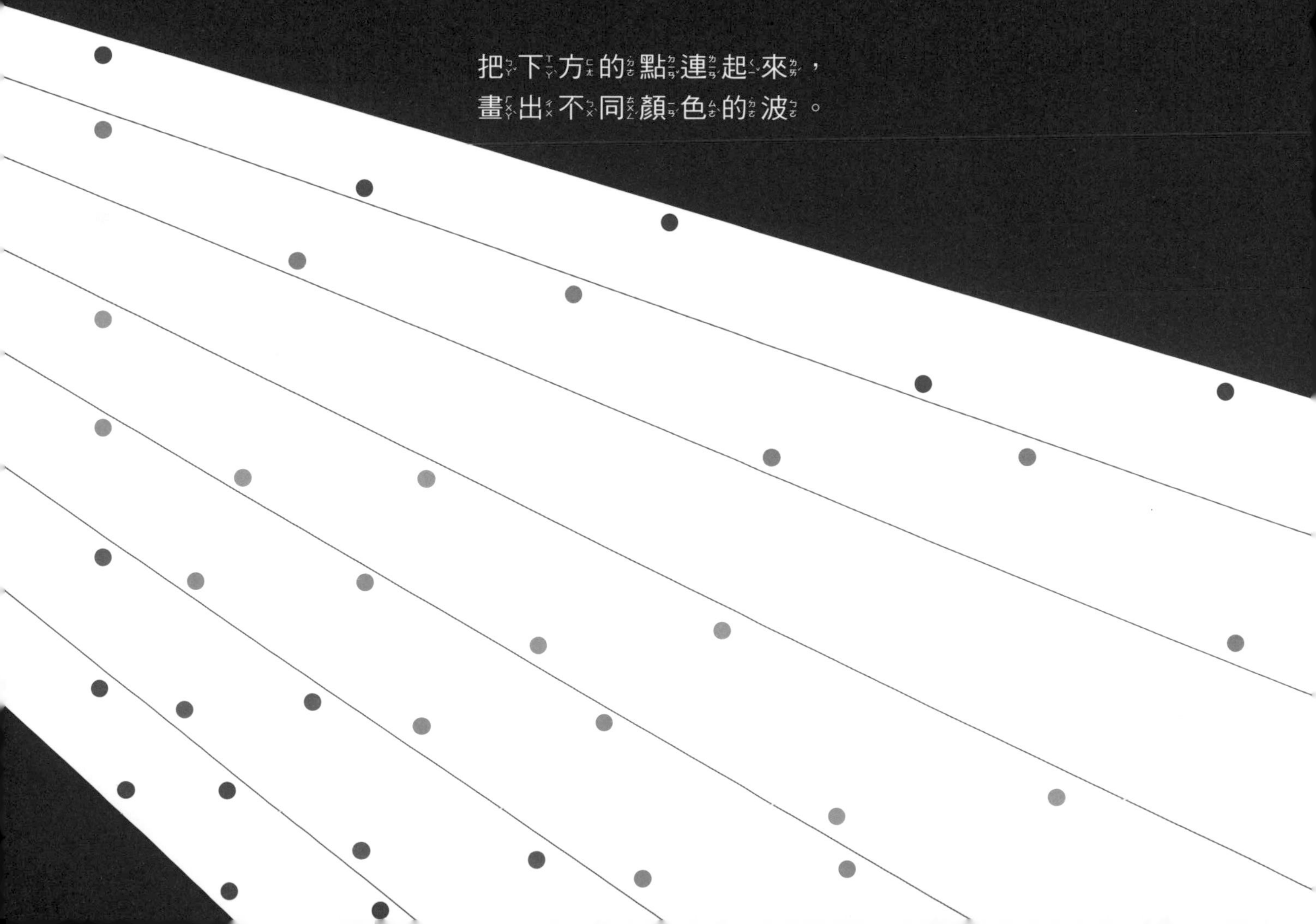

紙科學

對摺

拿一張 A4 大小的紙，對摺，再對摺，不斷重複，直到太厚、再也無法對摺為止。

你總共能對摺幾次？

穿過去

影印右邊的樣板，或到 ys.ylib.com/activity/STEAM/SCIENCE/ 下載列印。

先沿短邊把紙張整齊對摺，一一剪開從中間及從兩側開始的細白線。

把紙張中央兩個黑點間的粗白線也剪開。

把紙張展開到最大。

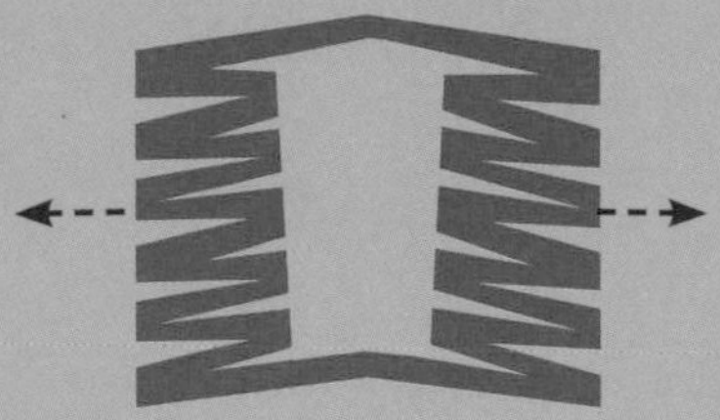

把它放到你的頭頂，試著讓身體穿過紙張中間的洞。

你穿過去了嗎？

揉一揉

拿兩張相同的紙，把它們各自揉成一團。

把紙團攤平，用筆描出剛剛製造出來的主要摺痕。

比較兩張紙上的圖，有沒有注意到什麼？它們是否看起來不一樣？

用更多張紙試試看，每一張圖看起來是不是都不一樣？

翻到第 19 頁，看看這些實驗背後的科學原理。

剪開所有的白線

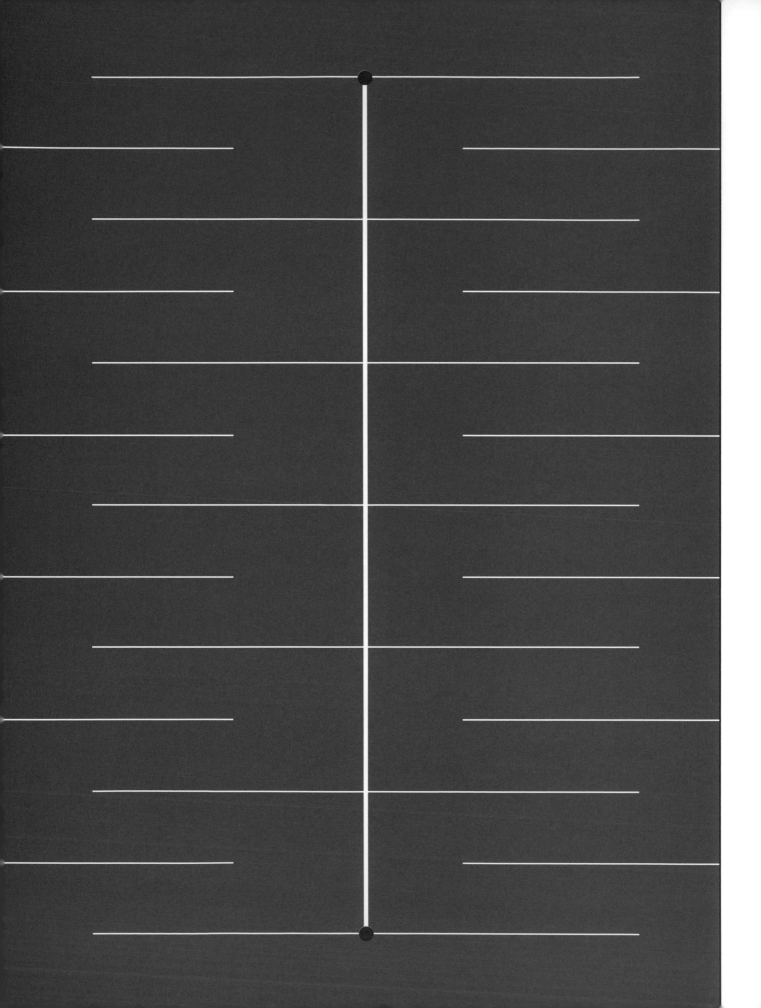

結果

如果可以把紙張對摺 103 次，它的厚度會超過宇宙的寬度！

對摺

一般紙張對摺六或七次後，就會因為變得太厚而無法再對摺。每次對摺，紙張的厚度會加倍。加倍能讓事物很快速的變大，這種現象稱為指數成長。

穿過去

只是多剪了幾刀，紙張的周長就增加了。周長是指紙張邊緣的長度。

你可能會發現，新的周長大到足以讓你穿過紙張中間的洞。

揉一揉

紙張變皺的方式非常難預測。科學家認為沒有任何兩張紙，變皺後會產生一模一樣的摺痕。

揉成團的紙也非常強韌。

試試看：

把揉皺的紙團攤平，試著把書放在紙張上，或甚至站在上面。你可能會發現，這些做法都無法讓紙張完全變平。

這些動物是哪一類？

黑猩猩

生物學家根據動物的外形把牠們分門別類，同一類動物歸在同一個門下。這麼做可以幫助生物學家，弄清楚不同動物之間的關係。把物種分成不同的群體這件事，就叫做分類。

根據下面圖表的提示，為這些動物分類，把牠們填進下方的空白內。

紅鶴
烏賊
青蛙
蠍子
蝸牛
龜
鯨
鮭魚
甲蟲

在這裡畫一隻動物，什麼都可以，也可以只寫動物的名稱，然後根據下方的圖表進行分類。

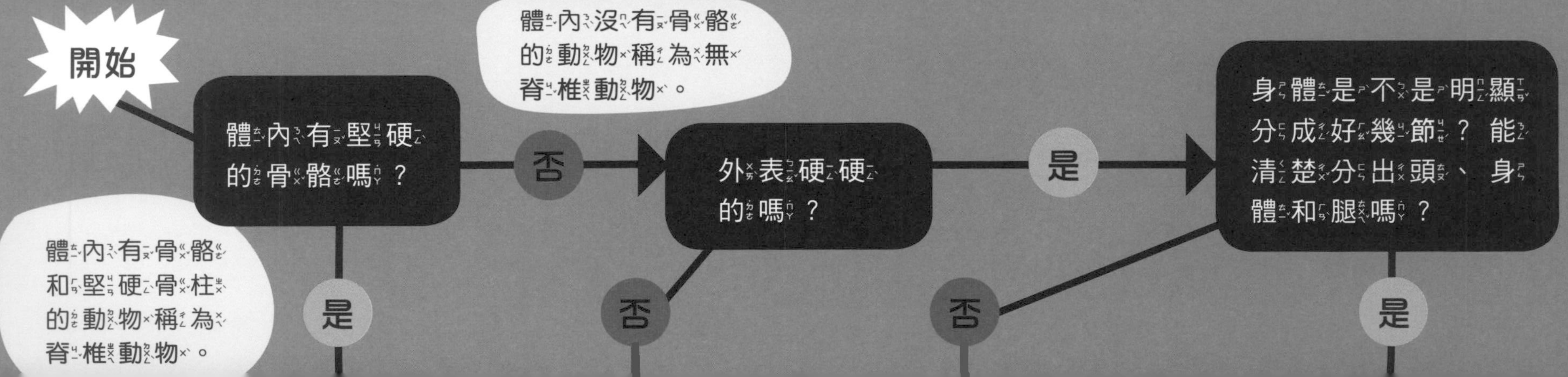

開始
體內有堅硬的骨骼嗎？
否
是
體內有骨骼和堅硬骨柱的動物稱為脊椎動物。
體內沒有骨骼的動物稱為無脊椎動物。
外表硬硬的嗎？
是
否
身體是不是明顯分成好幾節？能清楚分出頭、身體和腿嗎？
否
是

脊索動物門

大型動物大多屬於這個類別。

軟體動物門

通常有柔軟的身體，但有些具有堅硬的外殼，如蝸牛和蛤。

節肢動物門

有堅硬的外骨骼，身體分成多節，稱為體節。

根據下方圖表，看看上面的動物各是哪一種脊索動物。

答案請見第 76 頁。

以上是主要的三類動物，其他的類別還有很多——大多是一些蟲。

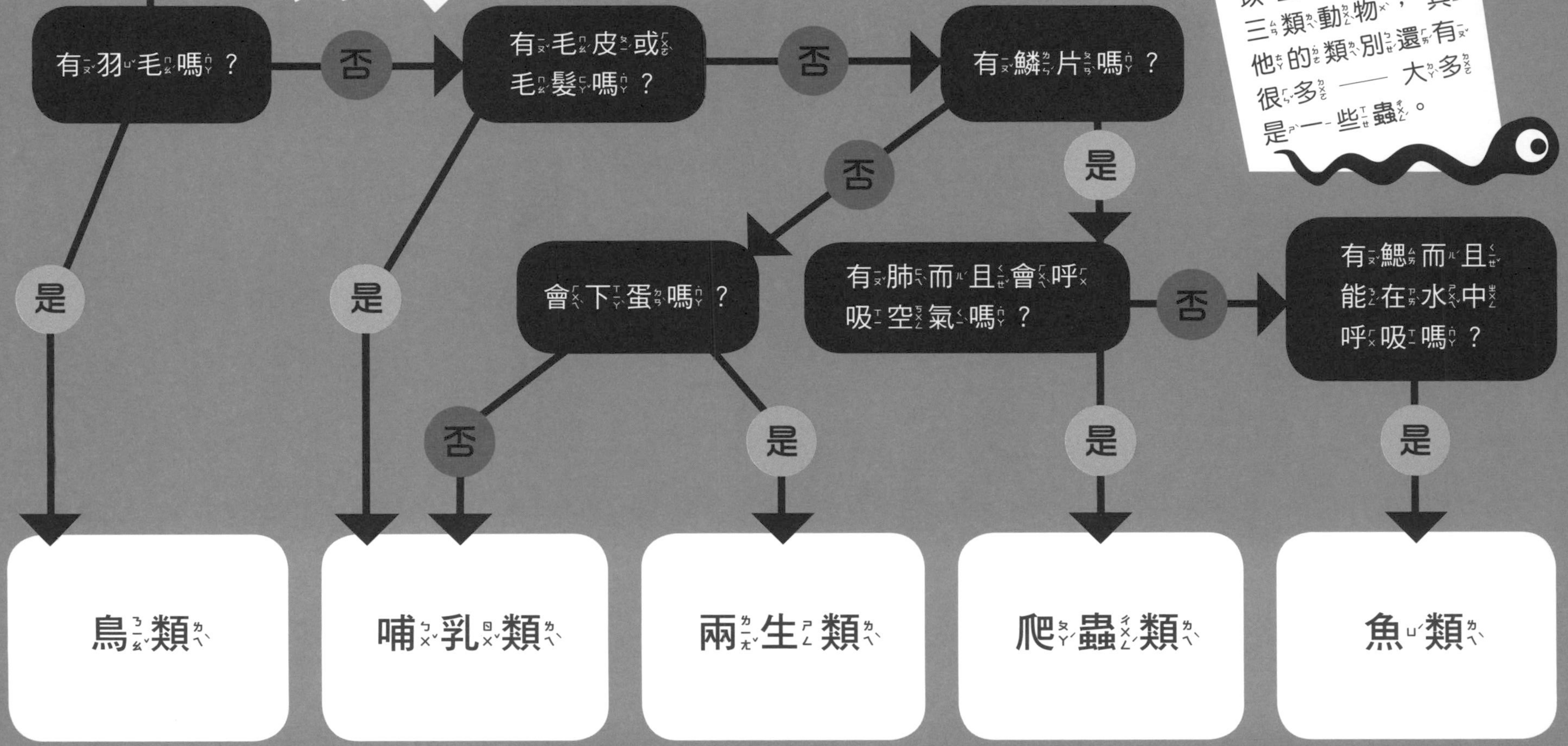

有羽毛嗎？
否
是
有毛皮或毛髮嗎？
否
是
有鱗片嗎？
否
是
會下蛋嗎？
否
是
有肺而且會呼吸空氣嗎？
否
是
有鰓而且能在水中呼吸嗎？
是
鳥類
哺乳類
兩生類
爬蟲類
魚類

請你往前進

機器人需要指示，否則什麼事也做不了，指揮機器人的指令就叫程式。程式能夠告訴機器人到底要做什麼。

這個機器人會遵守三項基本的指令。

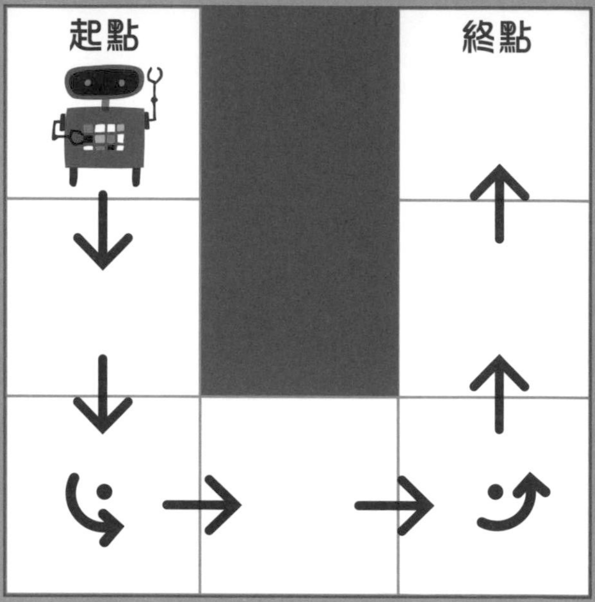

這個程式能讓機器人穿過迷宮。

程式A

請你完成程式B，讓機器人可以穿過迷宮，走到終點。

程式B

程式C

程式C結合了程式A和程式B，能讓機器人穿過下面的大迷宮。請你幫忙填補缺少的步驟。

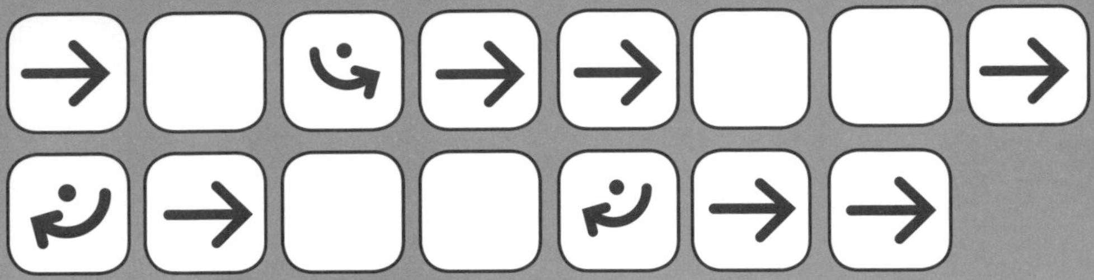

指令

跳過一個紅色方塊

新的跳躍指令能讓機器人跳過紅色方塊。請運用這個新指令，改寫程式C，讓機器人由起點到終點的程式變得最短。

程式D

機器人的動作有時會和預期不一樣，原因通常是程式出錯了。程式裡的錯誤俗稱臭蟲，修正錯誤的過程稱為除錯。

上面的機器人想要穿越迷宮，但它的程式不靈光。

故障的程式

請你仔細檢查程式，圈出錯誤的指令。

已除錯的程式

現在寫出已除錯完成的正確程式。

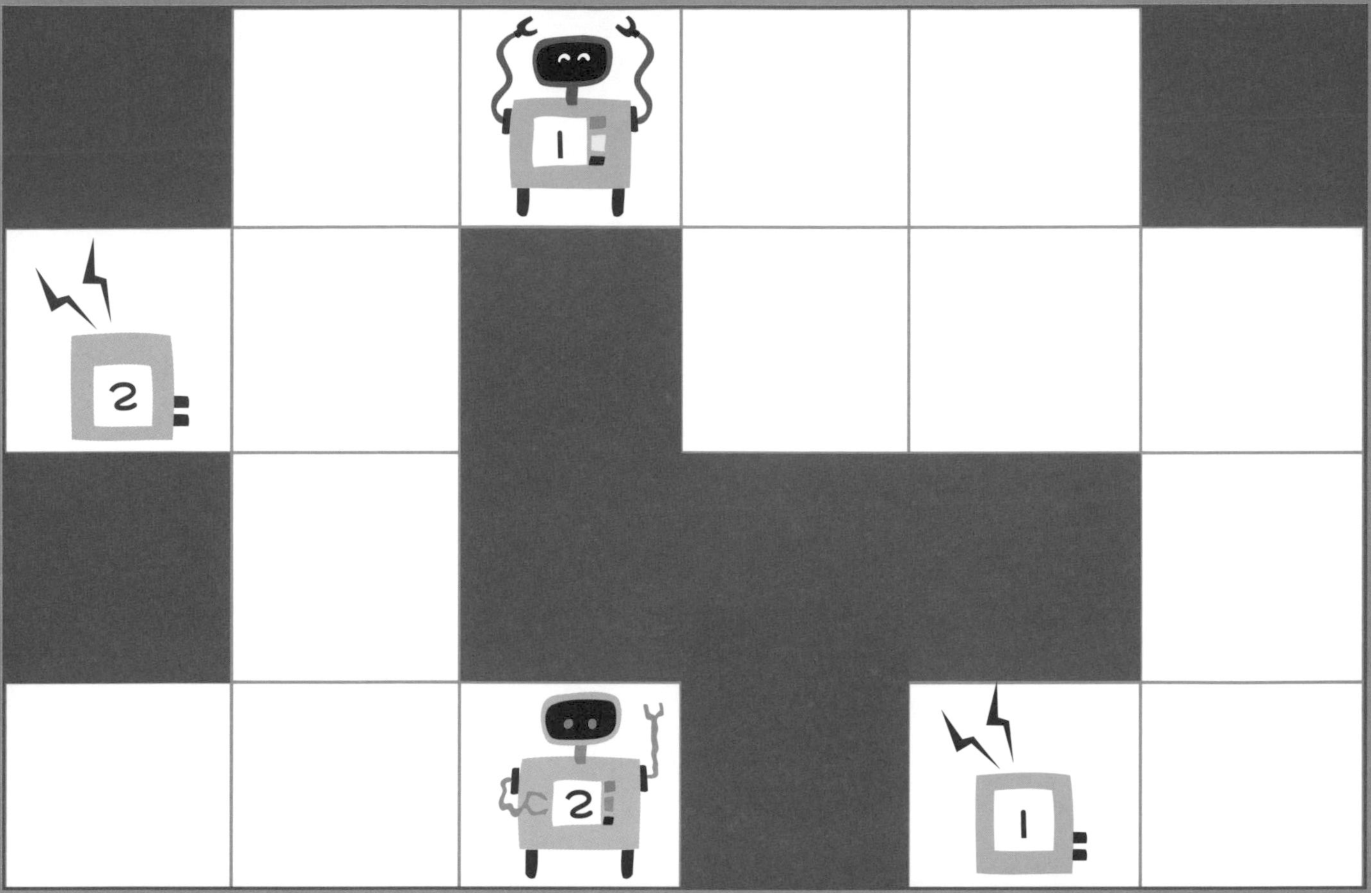

上面的機器人必須回到和身上號碼一樣的充電站。以下是讓它們抵達目的地的程式。哪個程式屬於哪個機器人呢？請把號碼填在虛線上。

程式 E 機器人__________

程式 F 機器人__________

答案請見第 76 ~ 77 頁。

光線迷宮

光波總是直線前進，但碰到堅硬的物體時會改變方向。當光照射在鏡子表面，會反射彈開。

光從鏡子上反射的角度，跟它照射鏡子時的角度一模一樣。所以光線以45°角照射鏡子，也會以45°角反射，一來一往形成的角度會是直角。

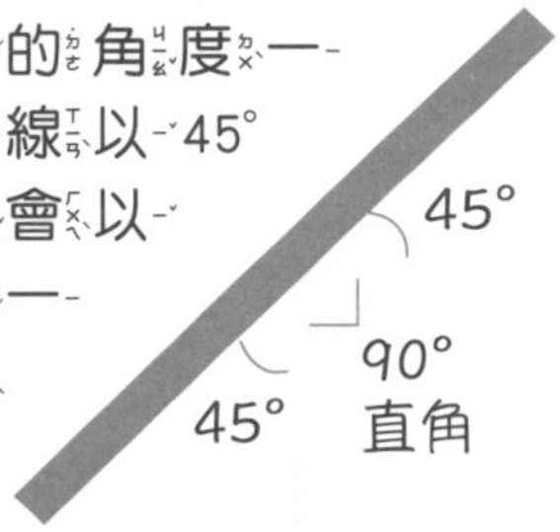

畫出光線行進的路線。它最後會照到哪個字母呢？

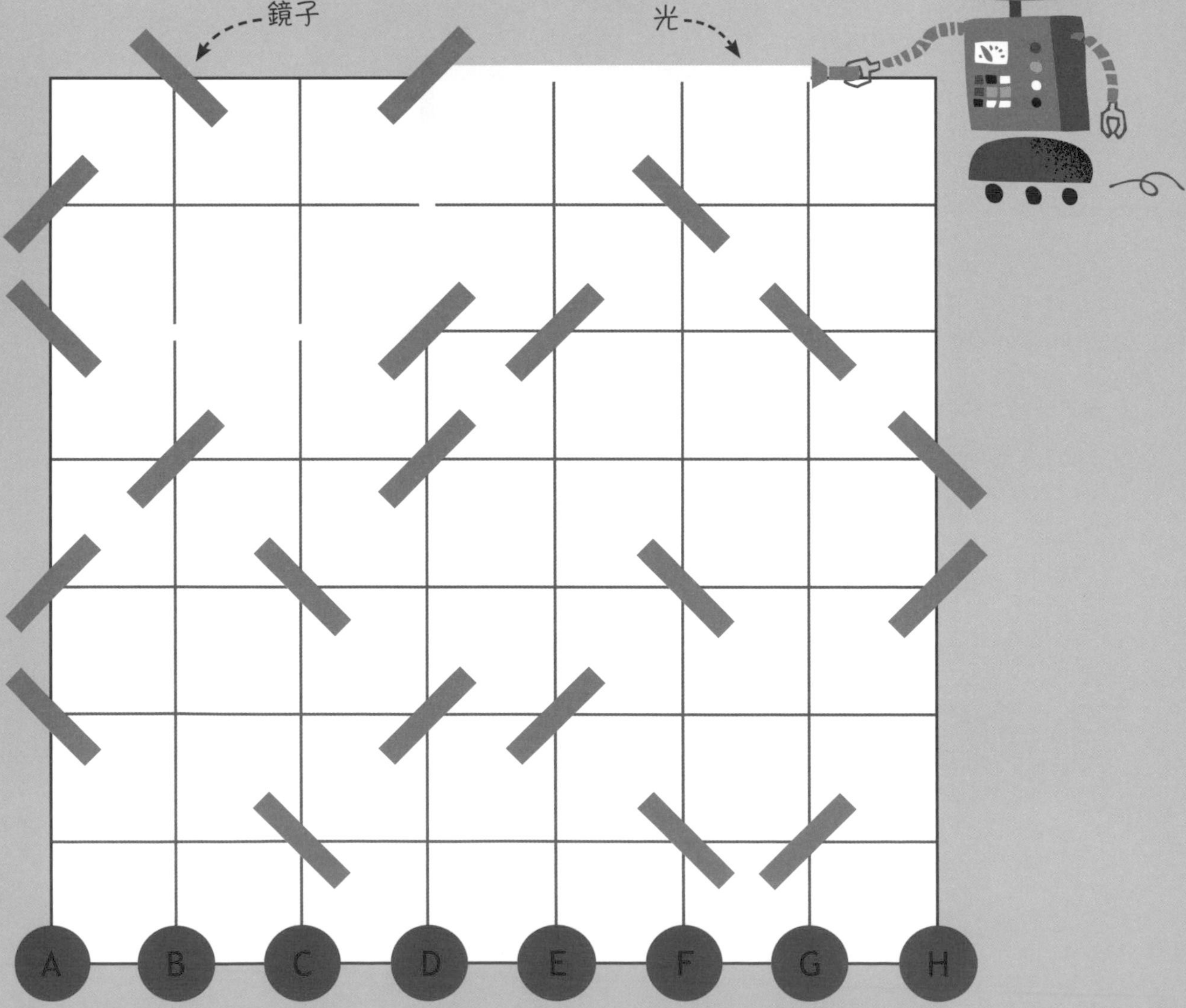

答案請見第 77 頁。

雪花科學

雪ㄒㄩㄝ花ㄏㄨㄚ是ㄕ溫ㄨㄣ度ㄉㄨ很ㄏㄣ低ㄉㄧ的ㄉㄜ水ㄕㄨㄟ氣ㄑㄧ， 遇ㄩ到ㄉㄠ空ㄎㄨㄥ中ㄓㄨㄥ灰ㄏㄨㄟ塵ㄔㄣ而ㄦ形ㄒㄧㄥ成ㄔㄥ的ㄉㄜ冰ㄅㄧㄥ晶ㄐㄧㄥ。 雪ㄒㄩㄝ花ㄏㄨㄚ的ㄉㄜ形ㄒㄧㄥ狀ㄓㄨㄤ會ㄏㄨㄟ在ㄗㄞ落ㄌㄨㄛ下ㄒㄧㄚ的ㄉㄜ過ㄍㄨㄛ程ㄔㄥ中ㄓㄨㄥ改ㄍㄞ變ㄅㄧㄢ， 讓ㄖㄤ每ㄇㄟ片ㄆㄧㄢ雪ㄒㄩㄝ花ㄏㄨㄚ都ㄉㄡ變ㄅㄧㄢ得ㄉㄜ獨ㄉㄨ一ㄧ無ㄨ二ㄦ。 請ㄑㄧㄥ幫ㄅㄤ下ㄒㄧㄚ面ㄇㄧㄢ雪ㄒㄩㄝ花ㄏㄨㄚ的ㄉㄜ分ㄈㄣ枝ㄓ畫ㄏㄨㄚ上ㄕㄤ圖ㄊㄨ案ㄢ， 讓ㄖㄤ每ㄇㄟ片ㄆㄧㄢ雪ㄒㄩㄝ花ㄏㄨㄚ看ㄎㄢ起ㄑㄧ來ㄌㄞ都ㄉㄡ不ㄅㄨ一ㄧ樣ㄧㄤ。

雪ㄒㄩㄝ花ㄏㄨㄚ的ㄉㄜ形ㄒㄧㄥ狀ㄓㄨㄤ一ㄧ般ㄅㄢ都ㄉㄡ是ㄕ對ㄉㄨㄟ稱ㄔㄥ的ㄉㄜ， 所ㄙㄨㄛ以ㄧ每ㄇㄟ個ㄍㄜ分ㄈㄣ枝ㄓ都ㄉㄡ長ㄓㄤ得ㄉㄜ一ㄧ模ㄇㄛ一ㄧ樣ㄧㄤ。

有ㄧㄡ些ㄒㄧㄝ雪ㄒㄩㄝ花ㄏㄨㄚ的ㄉㄜ圖ㄊㄨ案ㄢ很ㄏㄣ簡ㄐㄧㄢ單ㄉㄢ……

…… 有ㄧㄡ些ㄒㄧㄝ雪ㄒㄩㄝ花ㄏㄨㄚ有ㄧㄡ很ㄏㄣ多ㄉㄨㄛ複ㄈㄨ雜ㄗㄚ的ㄉㄜ分ㄈㄣ枝ㄓ。

雪ㄒㄩㄝ花ㄏㄨㄚ大ㄉㄚ多ㄉㄨㄛ有ㄧㄡ六ㄌㄧㄡ個ㄍㄜ分ㄈㄣ枝ㄓ， 但ㄉㄢ有ㄧㄡ些ㄒㄧㄝ雪ㄒㄩㄝ花ㄏㄨㄚ有ㄧㄡ十ㄕ二ㄦ個ㄍㄜ分ㄈㄣ枝ㄓ。

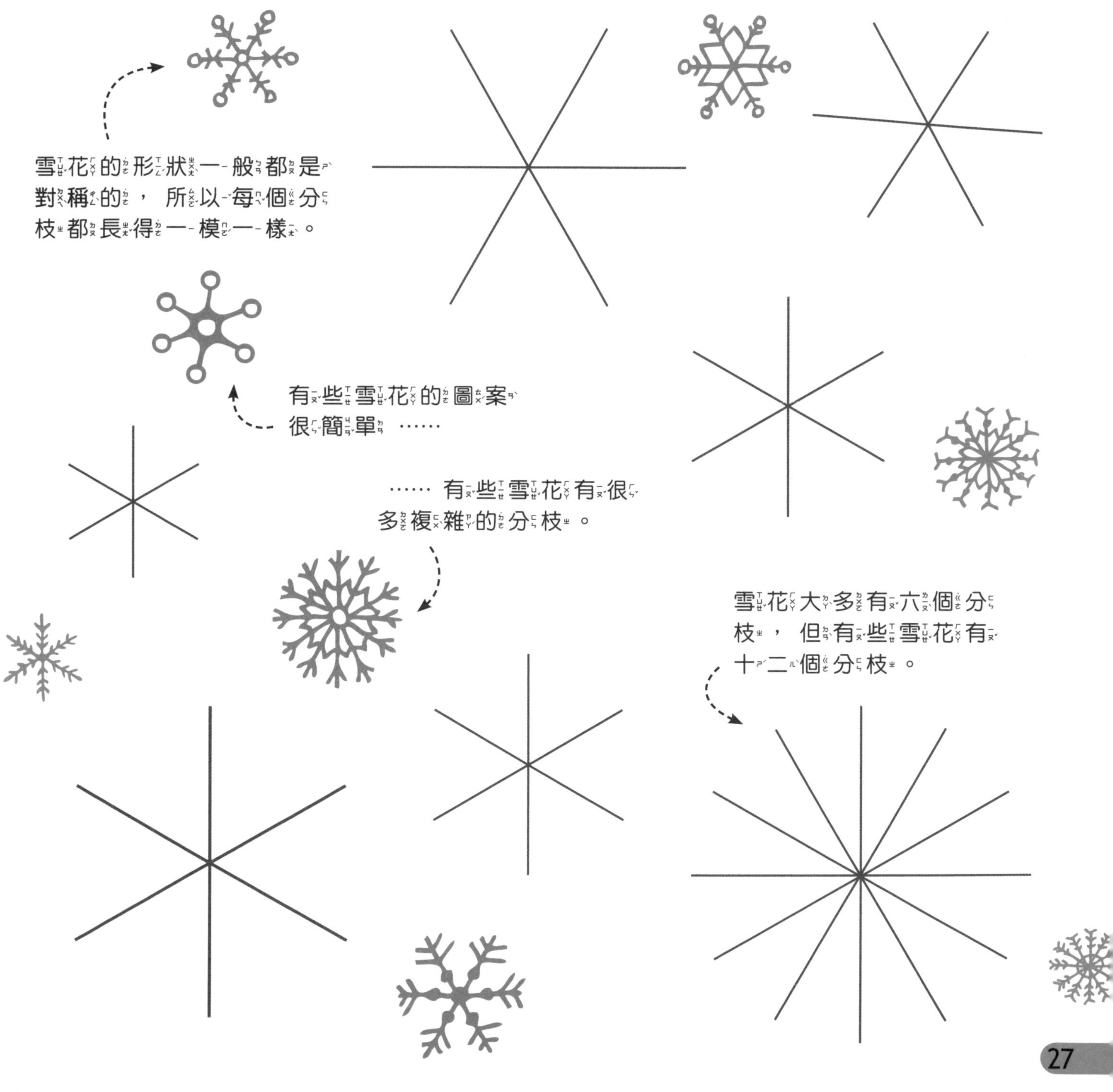

夜空

天文學家和天文物理學家因為想了解宇宙，所以會研究夜晚的天空。他們觀察的對象是什麼呢？下面這些都是……

恆星 最明顯的特徵是會閃爍。恆星通常很遙遠，像個光點，當光穿過地球大氣層，因為空氣擾動而彎曲、晃動時，看起來就像星星在閃爍。

行星 幾乎不閃爍。行星與地球的距離近得多，看起來像個光面，所以光線晃動的現象不明顯。

金星是最靠近地球的行星，所以看起來很明亮。日出和日落時最容易觀察到金星。

火星是淡紅色的，因為表面布滿了生鏽的鐵。

流星 當來自太空的岩石墜落地球，會在穿越大氣層時燃燒，產生明亮的痕跡。

沒燒完的流星，掉落在地表就成了隕石。

衛星 人造的物體，以很快的速度繞著地球運行。

最大也最容易觀測到的衛星是**國際太空站**，看起來就像一顆移動的白點，但不會像飛機那樣出現閃光。

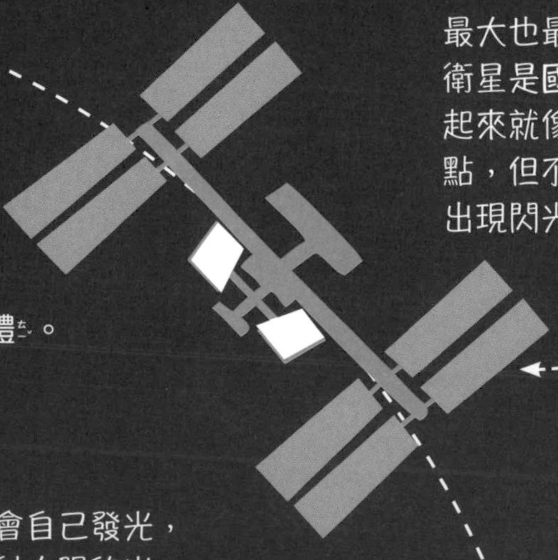

月球 從地面觀察，月球是夜晚天空中最明亮、最好辨認的星體。

月球不會自己發光，而是反射太陽的光。

這裡有張夜空圖，就好像夜晚時從望遠鏡看到的景象。
利用左頁的訊息，你能找到什麼呢？

下面這些星體，你找到幾顆？

恆星 _______

行星 _______

流星 _______

衛星 _______

月球 _______

答案請見第 77 頁。

天文學家把恆星分成一組一組的，組成熟悉的形狀，稱為星座。下面就是大熊星座。

大熊星座上方是北極星，可以用它來找出北方。

水手過去常利用星座來尋找方向。

大熊星座裡有七顆星星很亮，很容易找到，它們是北斗七星。

你能從上面的圖裡找到大熊星座嗎？

完美的適應

植物和動物會隨著時間改變，讓自己適合生長的環境，才能長得又多又好。科學家把這個過程稱為適應。

這裡有些常見的例子：

良好的視力是為了在黑暗中生活

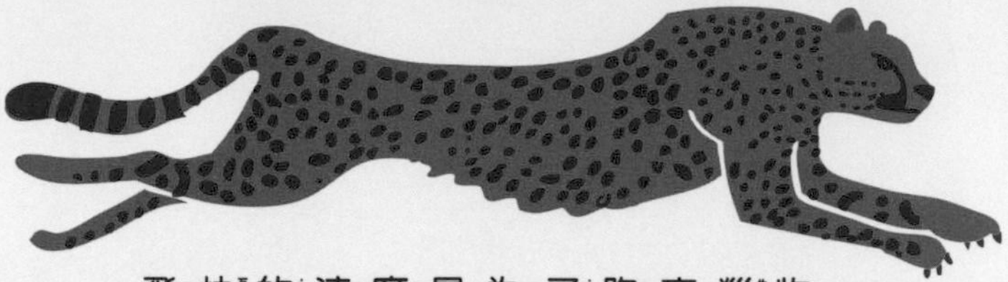

飛快的速度是為了跑贏獵物

花俏的圖案和顏色是為了吸引伴侶

下面還有更多關於適應的例子，你能幫每個例子想出一種動物嗎？在格子裡畫出來，或寫出動物的名稱。

銳利的牙齒是為了狩獵

頭上的角是為了打鬥

皮毛是為了保暖

偽裝是為了躲藏

雨林裡住滿了各種植物和動物，它們都已經適應枝葉茂密的擁擠環境。

雨林裡的樹木必須長得非常高，努力超過其他的枝葉，才能照到陽光。請在下面畫幾棵長得非常非常高的樹，讓它們一直往上延伸到有陽光的地方。

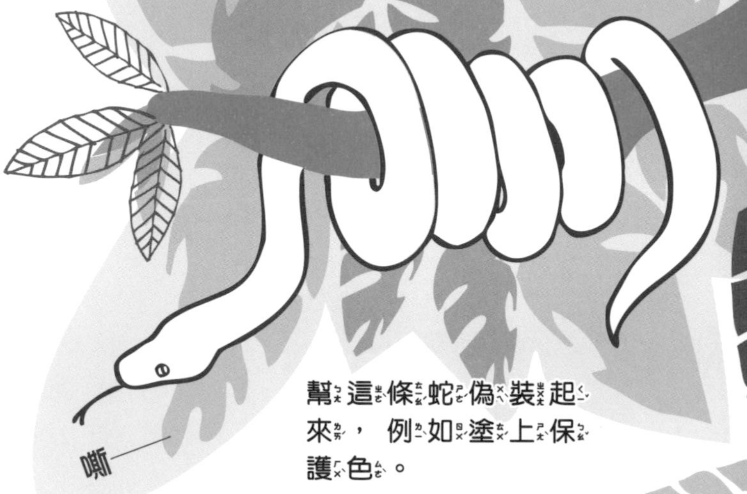

幫這條蛇偽裝起來，例如塗上保護色。

雨林地面的植物必須爭奪食物，請畫出會吃掉昆蟲的食蟲植物。

動畫動起來！

看東西時，我們的大腦會把眼睛收到的訊息變成影像。每個影像停留的時間很短暫，當它們快速連接起來，會彼此重疊，看起來就像在動一樣。

每個電影片段，其實都是由成千上萬張靜止的影像組成的，然後以非常快的速度播放。

製作迷你電影

影印右頁的樣板，也可以從 ys.ylib.com/activity/STEAM/SCIENCE/ 下載。剪下這 12 個方格，按順序疊放起來。用夾子夾住或用手捏住方格左側邊緣，從右側讓方格快速翻過，觀看連續圖案產生的效果。

設計小動畫

接著，利用空白方格創造你的迷你電影。

這裡提供一些點子：

火柴人

氣球

小訣竅：

建議你設計簡單的人物或場景，畫起來才不會太複雜。

從這一格到下一格的變化不要差太多，動畫看起來才會順暢。

這些迷你電影其實是一種視錯覺。想看更多，請翻到第 56 ~ 57 頁。

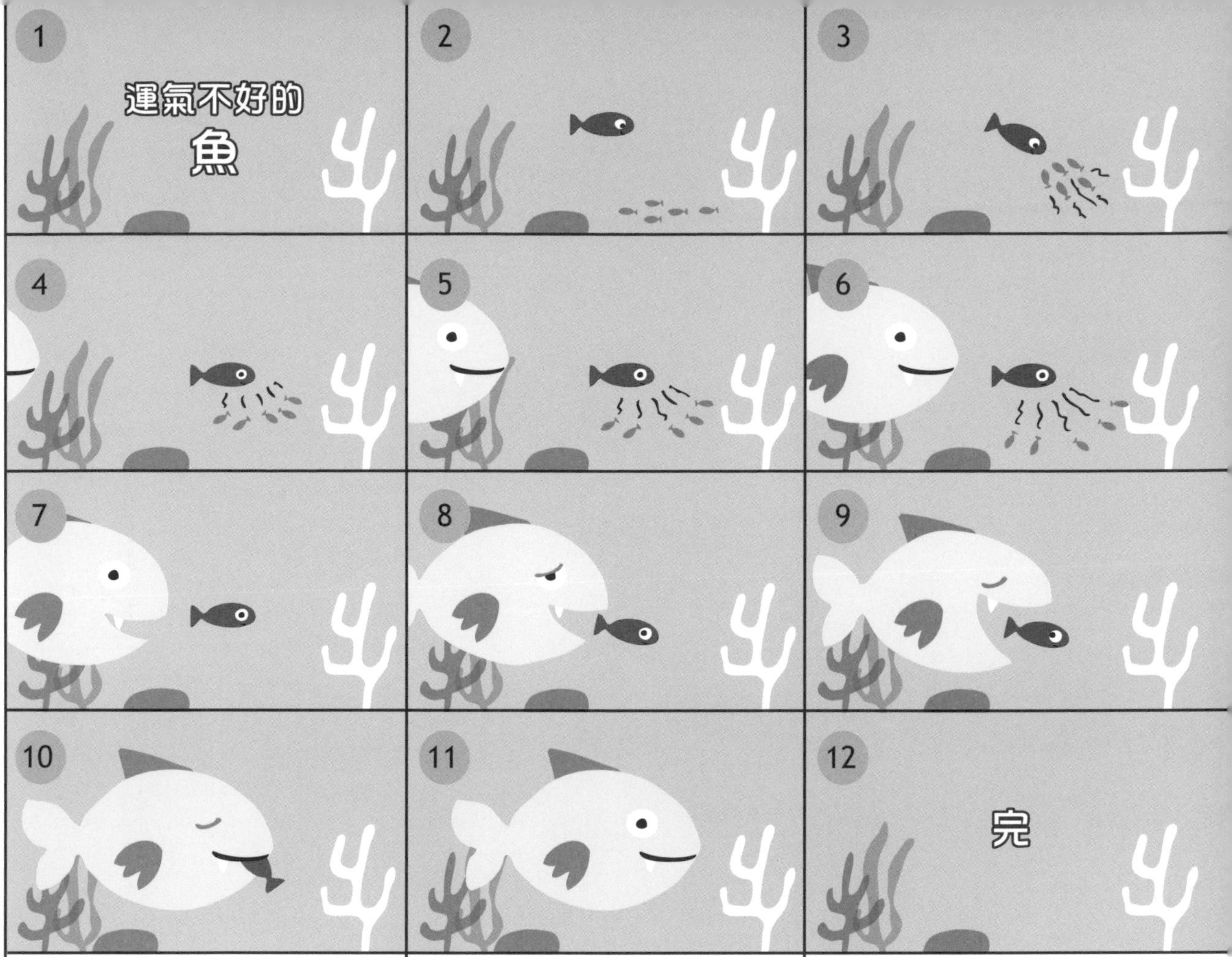

1	2	3
4	5	6
7	8	9
10	11	12

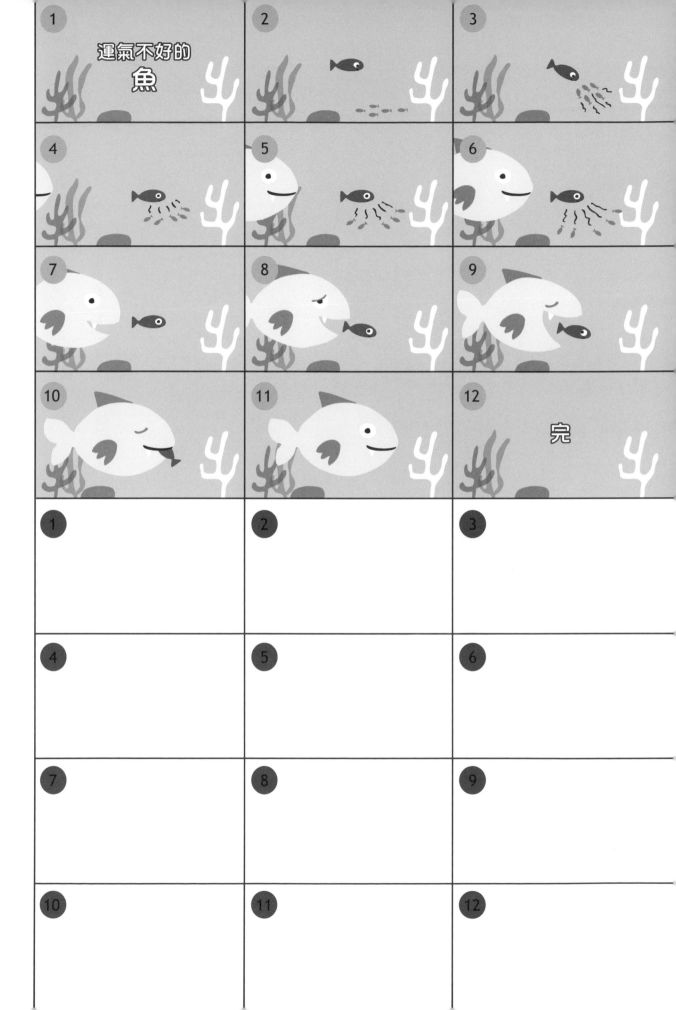

在世界的哪個地方？

手機可以追蹤一個人在哪裡，因為它利用了一種叫做三邊測量的技術。

要進行三邊測量得靠基地台。基地台是接收訊息，並把訊息傳給手機的設備，能夠判斷某支手機的位置有多遠。

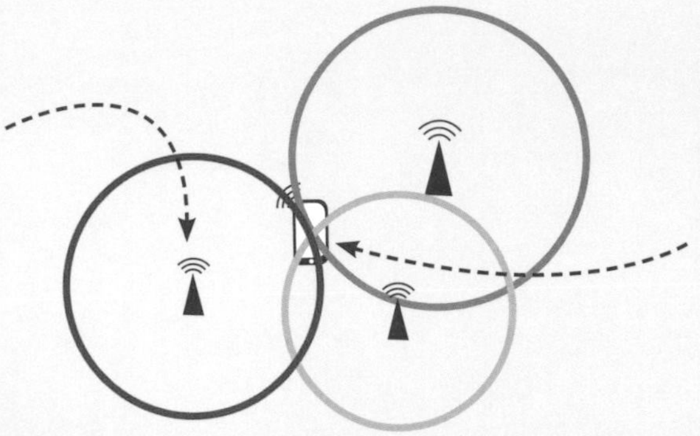

手機就位在三個基地台訊號重疊的地方。

你可以利用基地台的訊息，找出嫌疑犯在鎮上的哪個地方嗎？利用右邊的線索，把嫌疑犯圈出來。

嫌犯的位置：

距離 A 基地台 80 公尺。
距離 B 基地台 60 公尺。
距離 C 基地台 40 公尺。

圓圈之間相隔20公尺。

A
B
C

答案請見第 77 頁。

鏡子裡的文字

看著鏡子，它會直接把你的樣子反射給你，產生鏡像。鏡像和真實的你，看起來每個地方都左右相反。

如果你舉起左手，你的鏡像也會舉起相對的手，那是鏡子裡的人的右手。

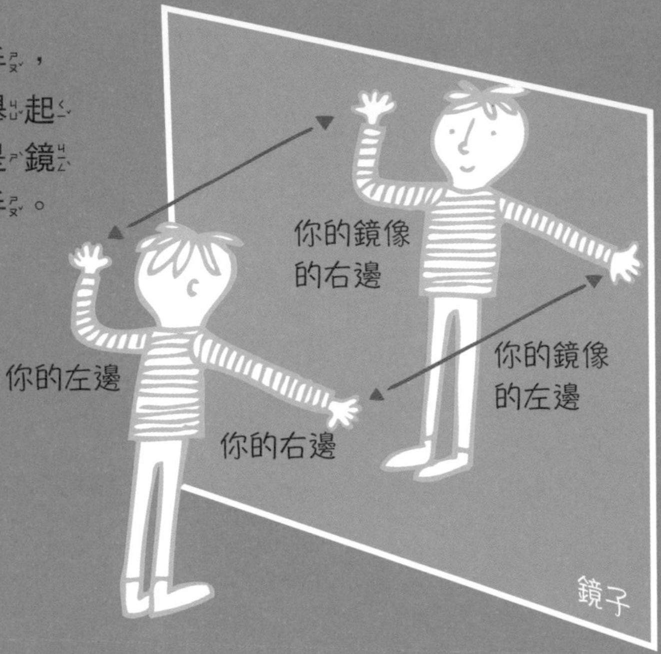

你的左邊成了你的鏡像的右邊，反過來說也是一樣。

這種現象是反射的規則。

文字在鏡子裡的反射影像，左右翻轉得特別明顯。

國外的救護車和消防車上寫有鏡像文字，如此一來，前面車輛的駕駛在後照鏡裡看到的，就會是正確的文字。

義大利發明家和藝術家達文西的筆記是反過來寫的，而且使用的是鏡像文字。有人認為他這麼做是為了保密，讓別人看不懂他的作品。

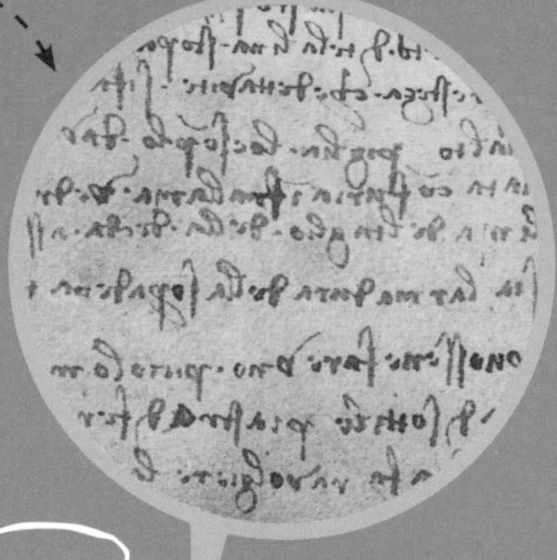

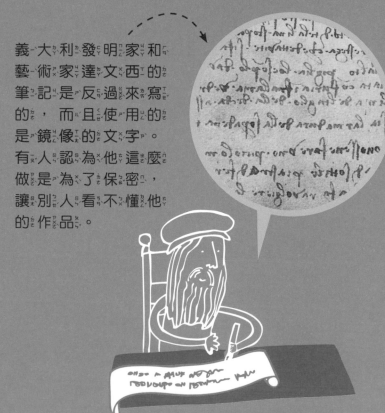

下面這串文字其實是達文西的名言，請利用鏡像，把正確的文字寫出來。

LEARNING NEVER EX-
HAUSTS THE MIND

（這句話的意思是：學習永遠不會讓心智疲累）

試著用鏡像文字寫一串祕密訊息。

筆畫愈少愈簡單，你可以先把正確文字寫在虛線右側，然後在虛線左側反著寫出鏡像文字。

你還可以把文字順序弄亂，讓訊息更難閱讀。

力是什麼？

你可以用力來改變物體移動的方式，像是用推的、拉的或拖的。我們雖然看不到力，但因為有力，宇宙才能維持，物體也才會加速、變慢或停住。

想像一下

有一顆球正滾落斜坡，像下方的圖一樣。請根據指示改變球移動的方式。你可以使用哪些工具呢？要放在哪裡？把想法標示出來或畫出來。

地球上有三種主要的力：

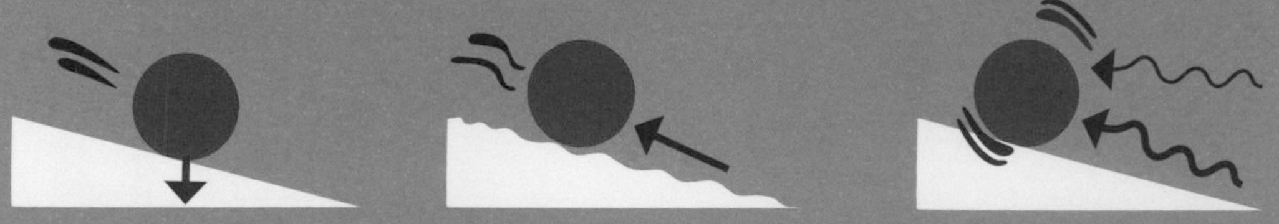

重力

會把東西往地球的方向拉。

摩擦力

物體互相摩擦時產生的力，粗糙不平的表面會讓東西慢下來。

空氣阻力

物體掉落或移動時，會受到空氣的阻擋而慢下來。

這裡提供一些可使用的工具：

開始嘍！

先加點東西讓球的速度變快。

（提示：設法減少摩擦力。）

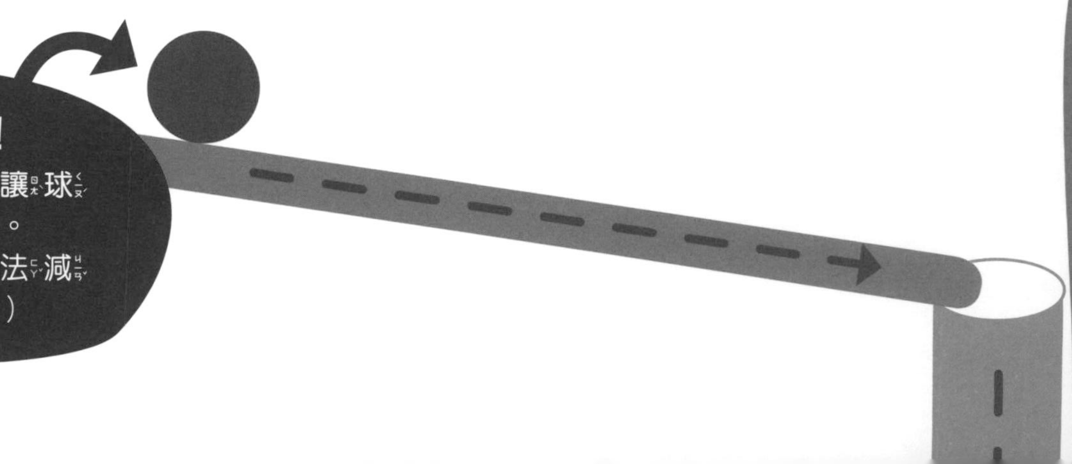

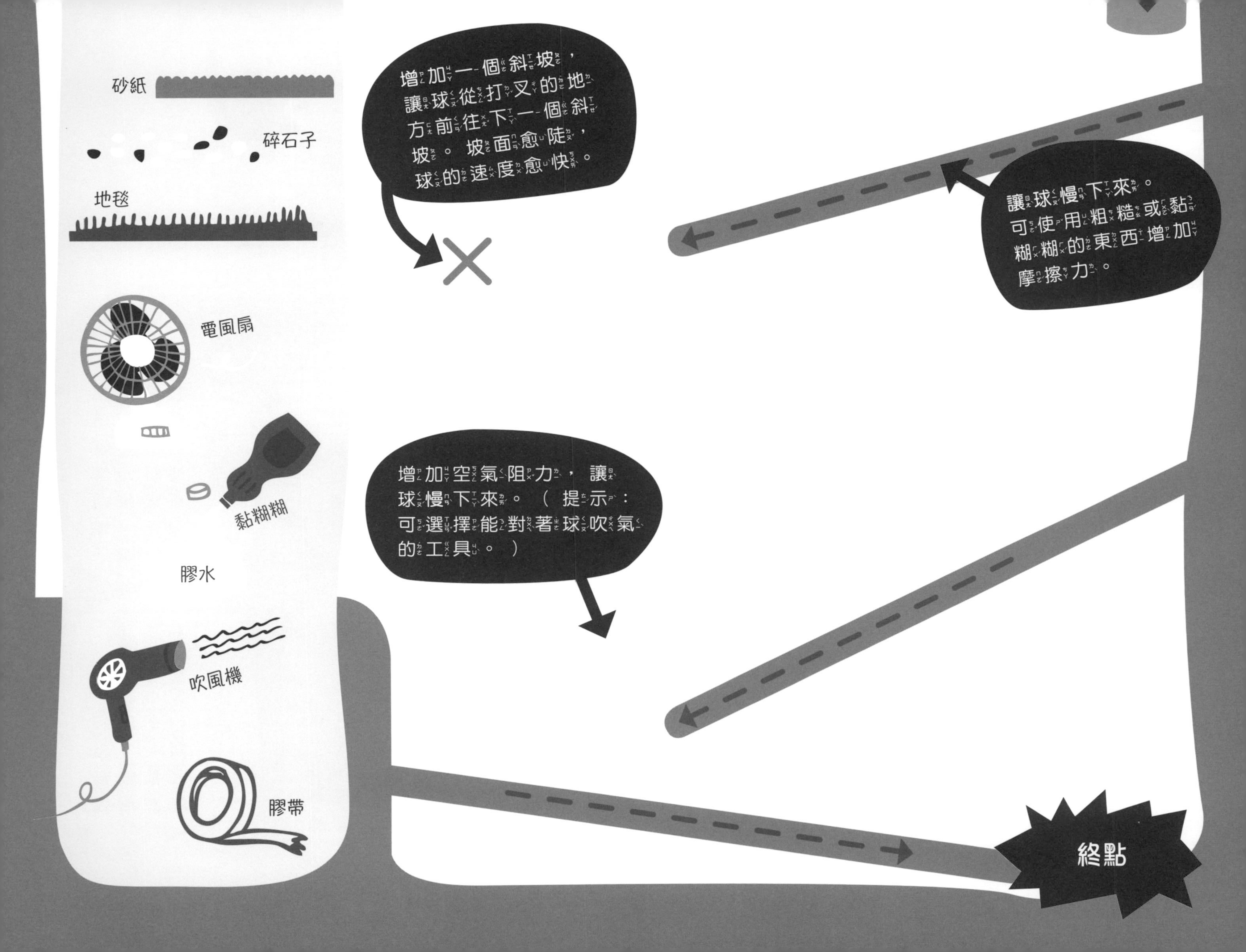
砂紙
碎石子
地毯
電風扇
黏糊糊
膠水
吹風機
膠帶
增加一個斜坡，讓球從打叉的地方前往下一個斜坡。坡面愈陡，球的速度愈快。
增加空氣阻力，讓球慢下來。（提示：可選擇能對著球吹氣的工具。）
讓球慢下來。可使用粗糙或黏糊糊的東西增加摩擦力。
終點

人人都有電

大城小鎮處處都有電，但是電從哪裡來？許多電的來源會造成汙染，還可能用完，例如煤。但現在有愈來愈多的電來自可再生能源，這類能源可以自動再生，永遠用不完。不同的電廠會蓋在不同的地方。利用下面的線索，在地圖上找出最適合各種電廠的地點。

這些符號代表不同的能源，請畫在地圖上合適的地方。

太陽能

陽光可以透過太陽能板轉換成電力，也能用來把水加熱。

潮汐能

把渦輪安裝在海面上，就能利用波浪通過時帶來的能量。

水力

流水帶動渦輪可以發電，有的渦輪裝在水壩裡，有的是利用瀑布中的水輪來帶動。

風力

高聳的渦輪會在風中轉動。

人力

讓人踩在特製的地磚上也能產生能量，把腳步轉換成電力。

地熱能

火山或溫泉區域地下的熱氣也是種能源。當蒸汽上升，可帶動渦輪轉動。

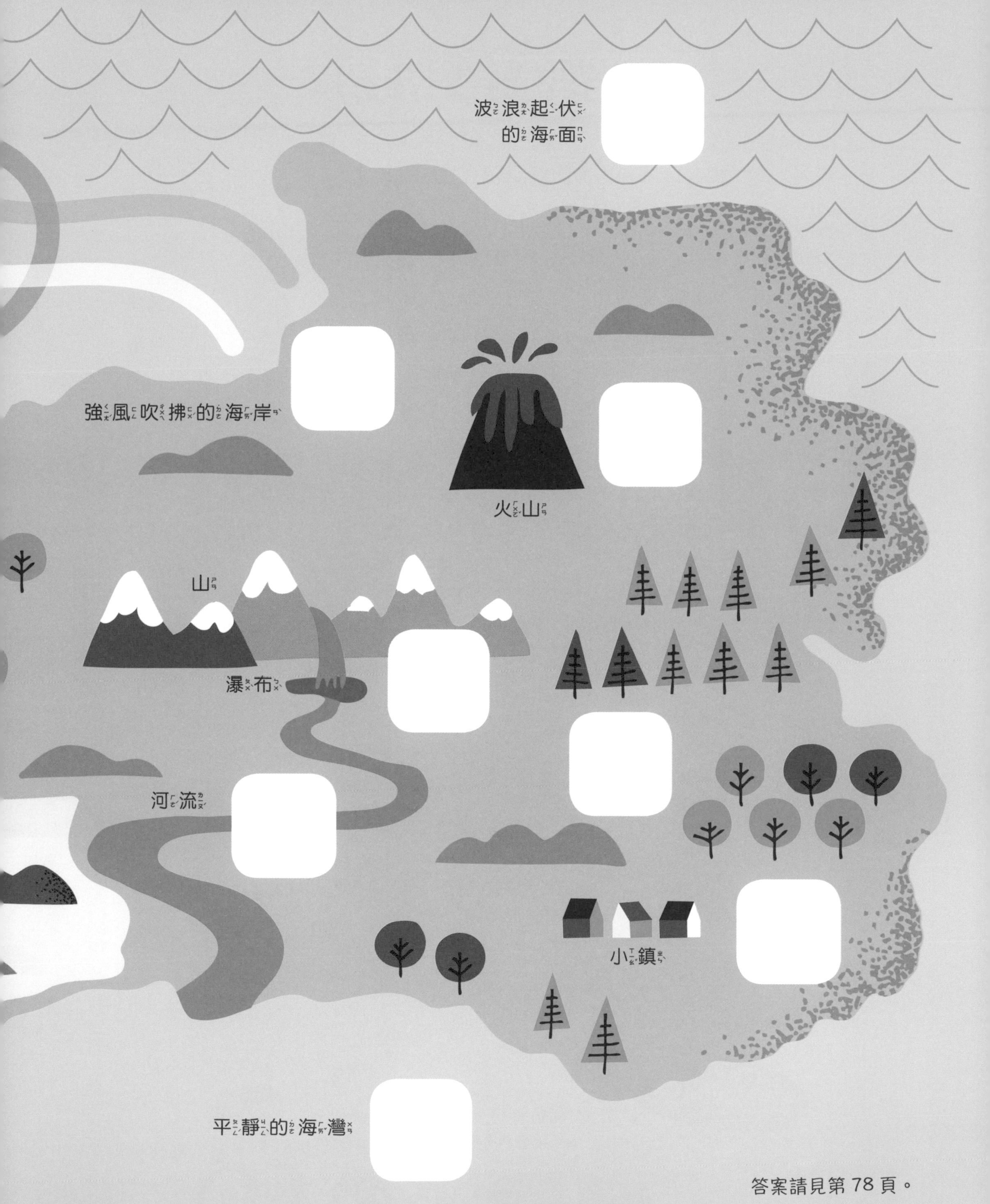
波浪起伏的海面
強風吹拂的海岸
火山
山
瀑布
河流
小鎮
平靜的海灣

答案請見第 78 頁。

渦輪轉轉轉

發電機與渦輪連接，只要能轉動渦輪，幾乎所有的能源都可以轉換成電力利用。

渦輪因為有動能而轉動起來。

發電機可以把動能轉換為電能。

電力出現了！

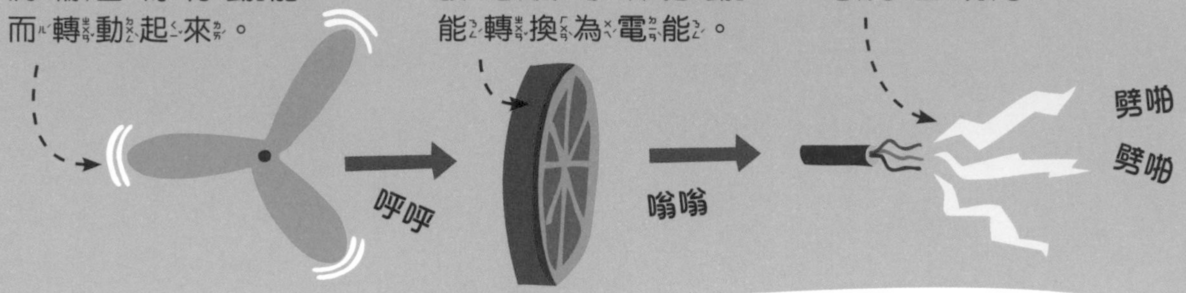
呼呼
嗡嗡
劈啪
劈啪

只要是可以轉動的東西，幾乎都能當作渦輪使用。你想把哪些可轉動的東西接上發電機，好用來發電呢？利用這個空白想一想。

用這些好嗎？
旋轉盤？
單輪車？
輪椅？

顯微世界

顯微鏡能把東西放大好幾百倍，讓我們看到細小的物體——包括組成所有生物的細胞。

A 放大10倍

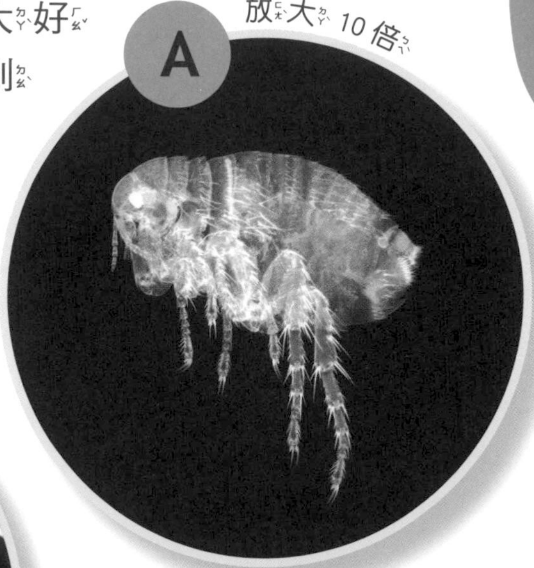

B 放大400倍

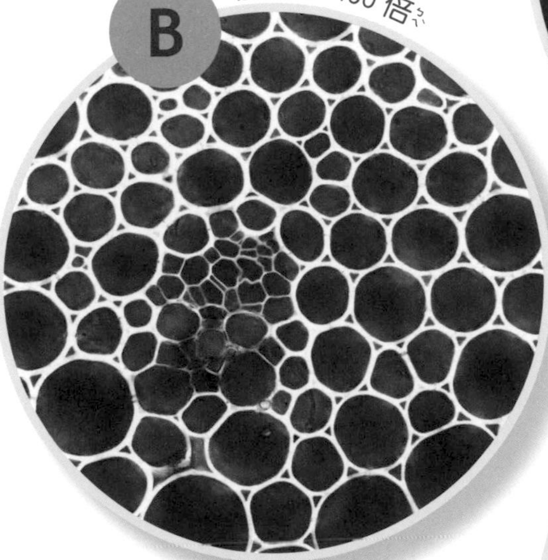

C 放大1500倍

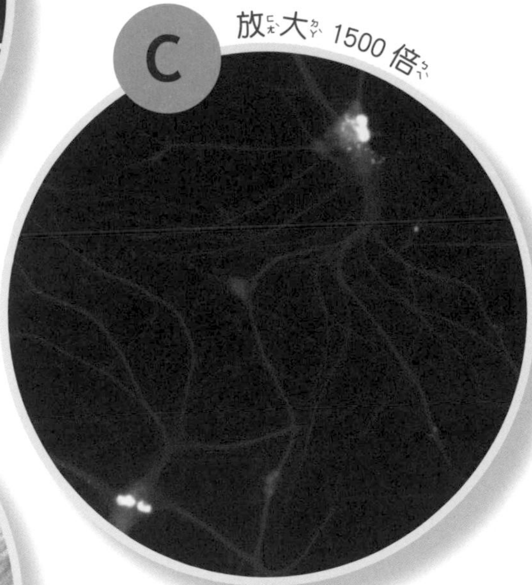

D 放大80倍

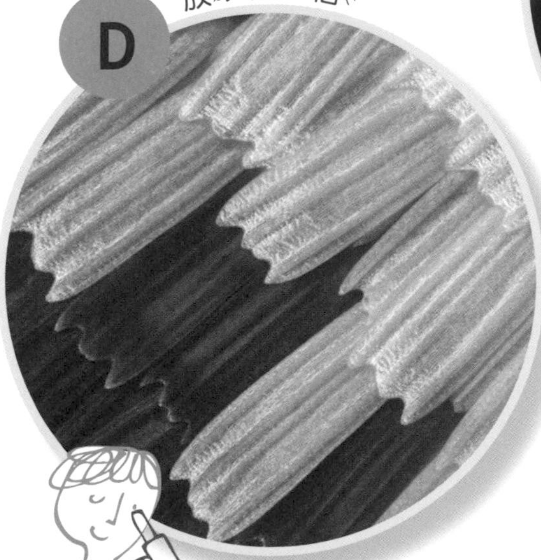

下面的描述，分別代表左側的哪個顯微鏡影像？

花莖裡的細胞

植物莖裡面的細胞會緊緊擠在一起，莖才能長得結實而直立。

人類的神經細胞

神經細胞在我們體內連結成龐大的網路，讓大腦和身體各個部分之間能夠彼此傳遞訊息。

蝴蝶翅膀

蝴蝶翅膀表面覆蓋著一層層的鱗片。不同鱗片反射的光線，組合成閃亮的色彩。

跳蚤

跳蚤是微小的昆蟲。牠們就跟所有昆蟲一樣，有分節的身體和六隻腳。

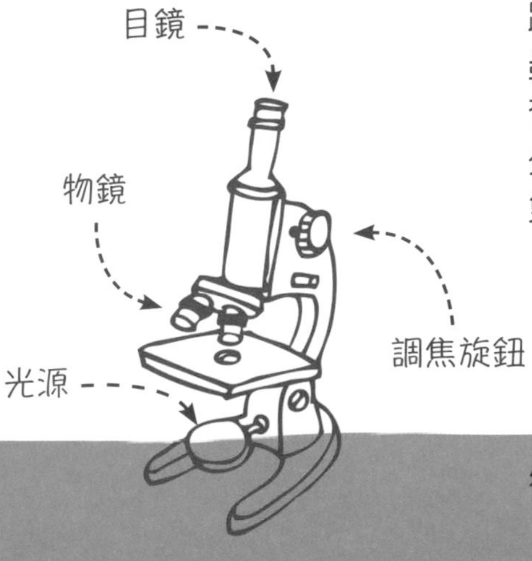

答案請見第78頁。

看見光

我們能看見，是因為眼睛後方排列著可感測光線的細胞。不過在視神經與眼睛連接的位置上，並沒有感光細胞，這個地方叫做盲點。

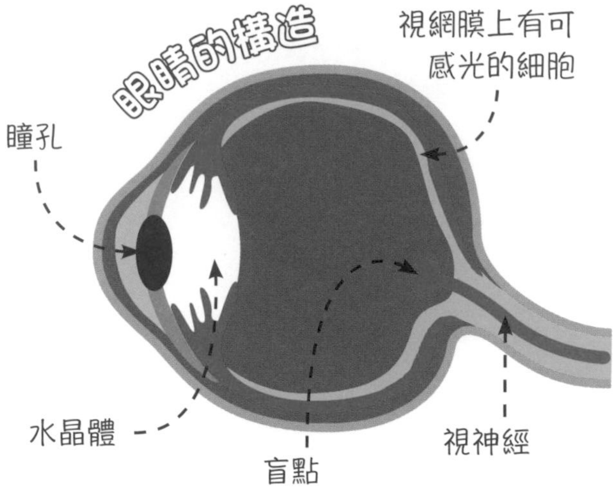
眼睛的構造
視網膜上有可感光的細胞
瞳孔
水晶體
盲點
視神經

1. 想找出你的盲點，先閉上一隻眼睛，雙手拿書，把手伸到最遠的地方。
2. 專心盯著三角形，讓書慢慢朝自己靠近。
3. 你會發現，書拿到某個距離，正方形就不見了！這就是你的盲點。

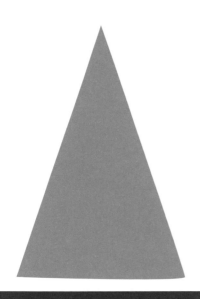

你的眼睛裡其實有兩種主要的感光細胞：視桿細胞和視錐細胞。

視桿細胞讓你在夜晚或黑暗時看得到。

由於視桿細胞位在眼睛的邊緣，如果想在晚上看清楚東西，例如星星，不要直接看反而比較清楚。

視錐細胞幫助你看到顏色。

有些人很難區分特定的顏色，因為他們的視錐細胞無法正常運作。這種現象稱為色盲，是一種色覺障礙。

測試： 色盲的人常常很難區分綠色和紅色。下面的圖片可用來測試一個人是否色盲。

你看得到每個圓圈裡的數字嗎？請把看到的數字寫下來。

A

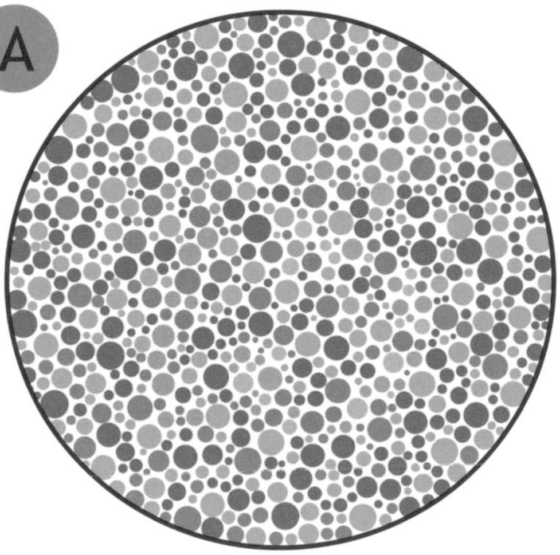

B

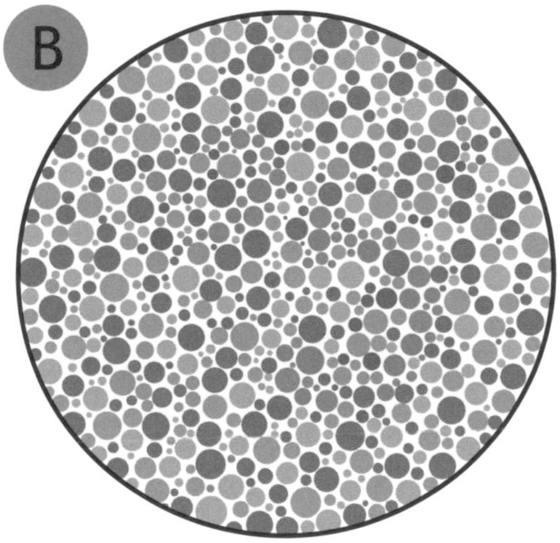

C

色盲的人在圓圈裡看到的數字，可能和色覺正常的人看到的不一樣。

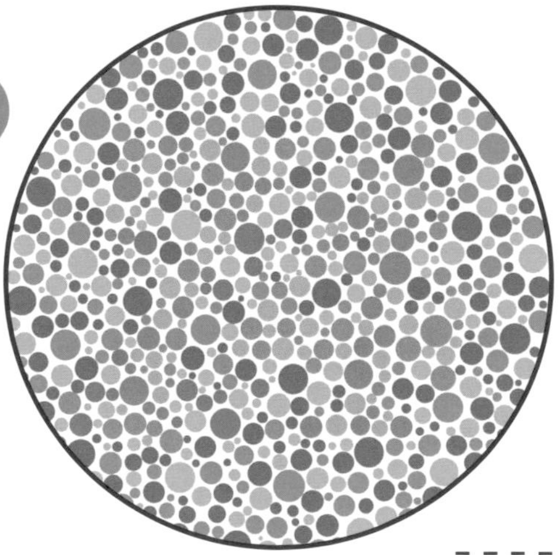

答案請見第 78 頁。

熱與冷

你可以看到太陽發出的光波，感受到太陽發出的熱。這種熱來自太陽放射的紅外線。淺色的物體會反射紅外線，深色的物體則會吸收紅外線。

試試看 把這兩頁攤在陽光下，至少曬一小時。然後摸一摸左右兩個圓圈，有沒有什麼不同？

結果 你感覺到什麼不同嗎？

在炎熱的國家，很多房屋會漆成白色，人們會穿上淺色衣服，為的就是要反射熱。

使用檯燈做測試也一樣嗎？
還是只在太陽下有效？

現在大多數的燈泡都非常節能，並不會把能量浪費在發熱上，所以不會讓物體變熱。

試試看不同的檯燈。有任何檯燈測試成功嗎？

太陽能板通常很黑，這樣才能盡可能的吸收太陽光。

斑馬生活在炎熱的地區，但身上的條紋有白也有黑。科學家認為，黑色條紋吸收紅外線，白色條紋反射紅外線，這樣能產生微風，讓斑馬涼快。

動物的旅程

每一年，很多動物都會進行遙遠的旅行，稱為遷徙。這裡有三種動物，要請你畫出牠們的遷徙路線。仔細讀讀科學家的筆記，想想看哪些動物會出現在哪些點上，分別用不同的顏色標示出來。把相同顏色的點連起來，在地圖上標示出每種動物的旅程。

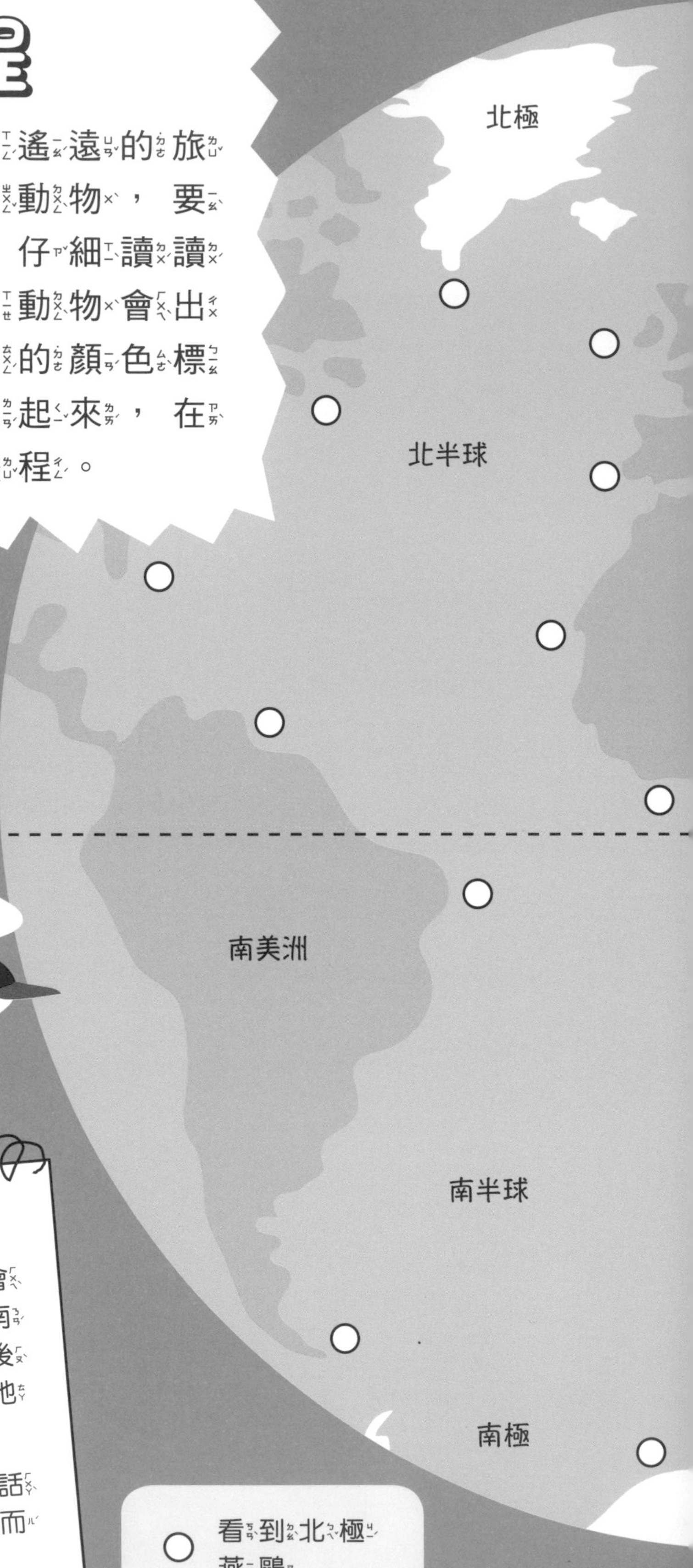

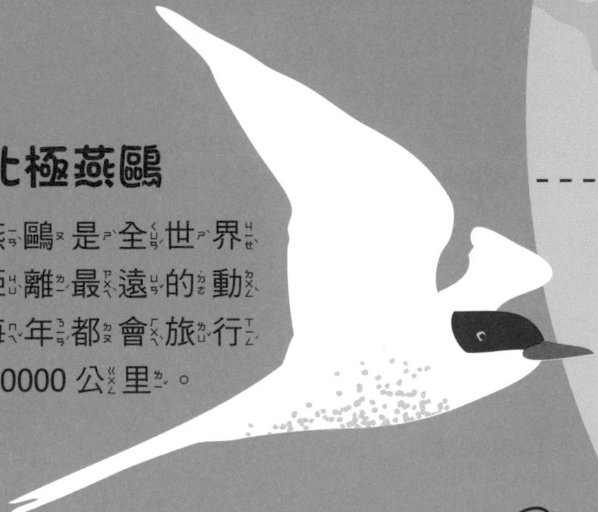

北極燕鷗

北極燕鷗是全世界遷徙距離最遠的動物，每年都會旅行超過 80000 公里。

科學家的筆記

北極燕鷗喜歡溫暖的氣候。牠們會在北極度過夏天，接著往南飛到南極——這時正是南極的夏天，然後趕在隔年的夏天之前回到北極。牠們的飛行路線通常是環狀的。

北極燕鷗總是出現在海邊，換句話說，牠們是沿著大陸邊緣飛行，而不是直接飛越汪洋大海。

○ 看到北極燕鷗

牛羚

牛羚一整年都在移動，尋找新鮮的草和乾淨的水。

- ○ 看到牛羚

科學家的筆記

牛羚在非洲草原上移動，路線是環狀的。冬天時，牠們會到達最南邊，小牛羚在這時出生，等到隔年夏天，再往北移動。

大翅鯨

巨大的大翅鯨每年會游上幾千公里，在覓食地點和繁殖地點之間來回。

- ○ 看到大翅鯨

科學家的筆記

大翅鯨大多待在兩個地點，一個是寒冷的極地海域，牠們在這裡覓食；另一個是溫暖的熱帶海域，牠們在這裡繁殖下一代。大翅鯨每年都會在這兩個主要地點之間來回移動。

答案請見第 79 頁。

骨骼

骨骼由堅硬的骨頭組成。有了骨骼，我們才能站直，內臟也受到保護。骨頭之間有關節，讓身體能夠彎曲和活動。

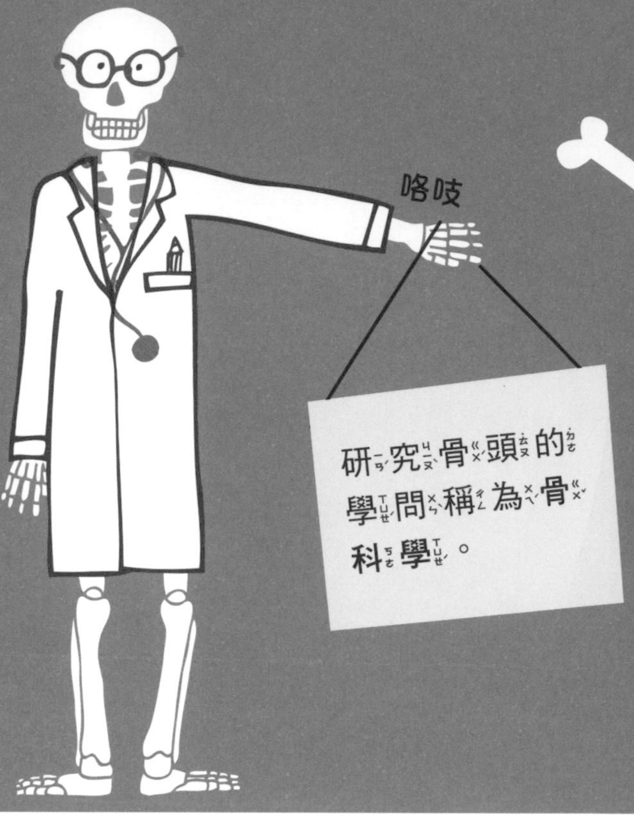

咯吱
研究骨頭的學問稱為骨科學。

製作模型

影印下一頁的樣板，或是從ys.ylib.com/activity/STEAM/SCIENCE/網站下載。

剪下樣板上的每塊骨頭，在藍圈圈上打洞。數字相同的洞要接在一起，這些地方就是關節。

使用什麼工具？

打洞：使用打孔機，或用鉛筆尖來戳孔

連接關節：可用雙腳釘或繩子

骨頭的移動是靠肌肉。肌肉以強韌的韌帶固定在骨頭上，這些韌帶稱為肌腱。

試試看

把左手放在桌子上。

收起中指。

試著抬起手指。是否有一根手指抬不起來？把它圈出來。

我們的中指和無名指與同一條肌腱連結。收起中指代表這條肌腱不能動，所以即使你能抬起無名指，也只能移動一點點。

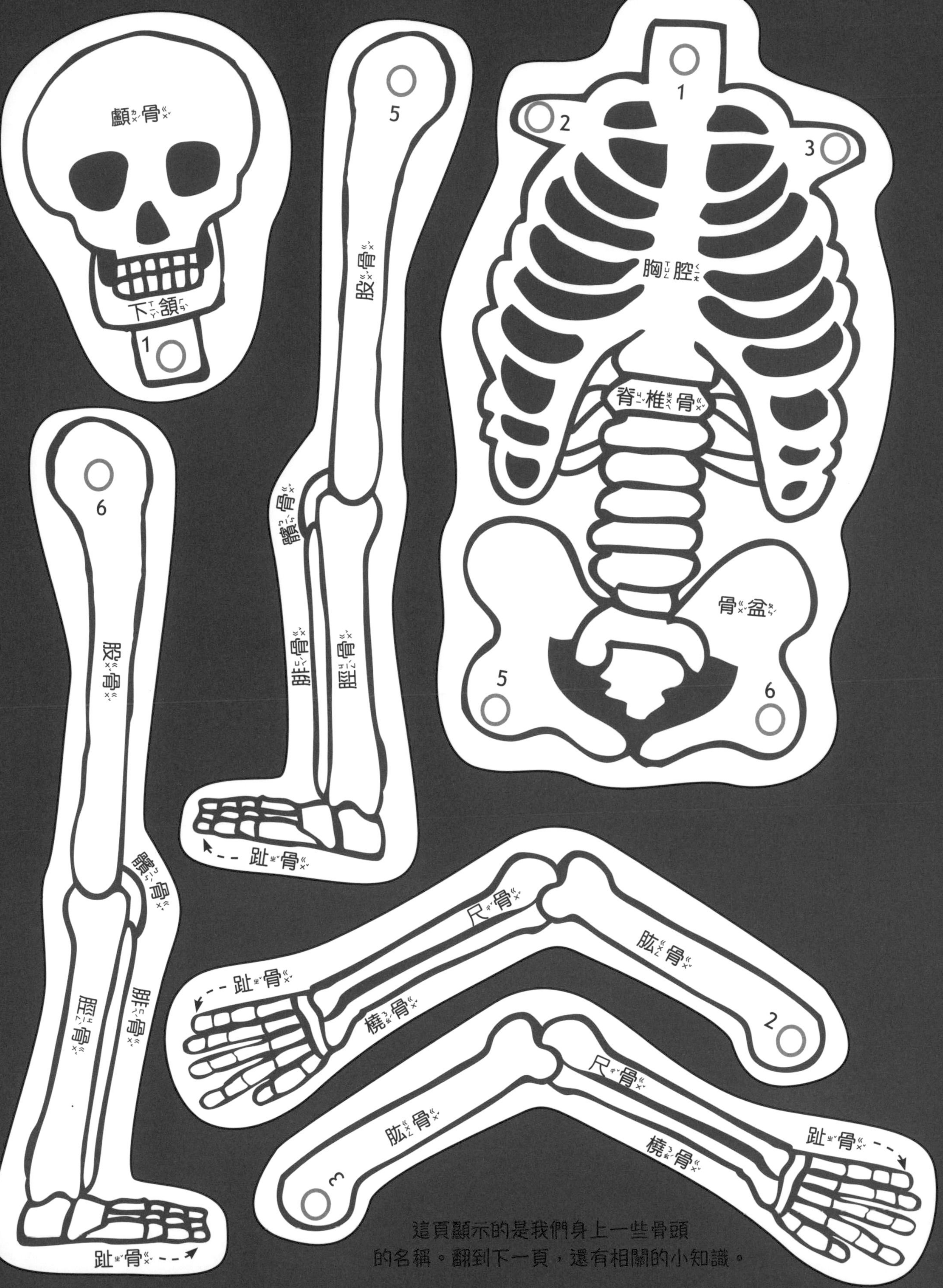

這頁顯示的是我們身上一些骨頭
的名稱。翻到下一頁，還有相關的小知識。

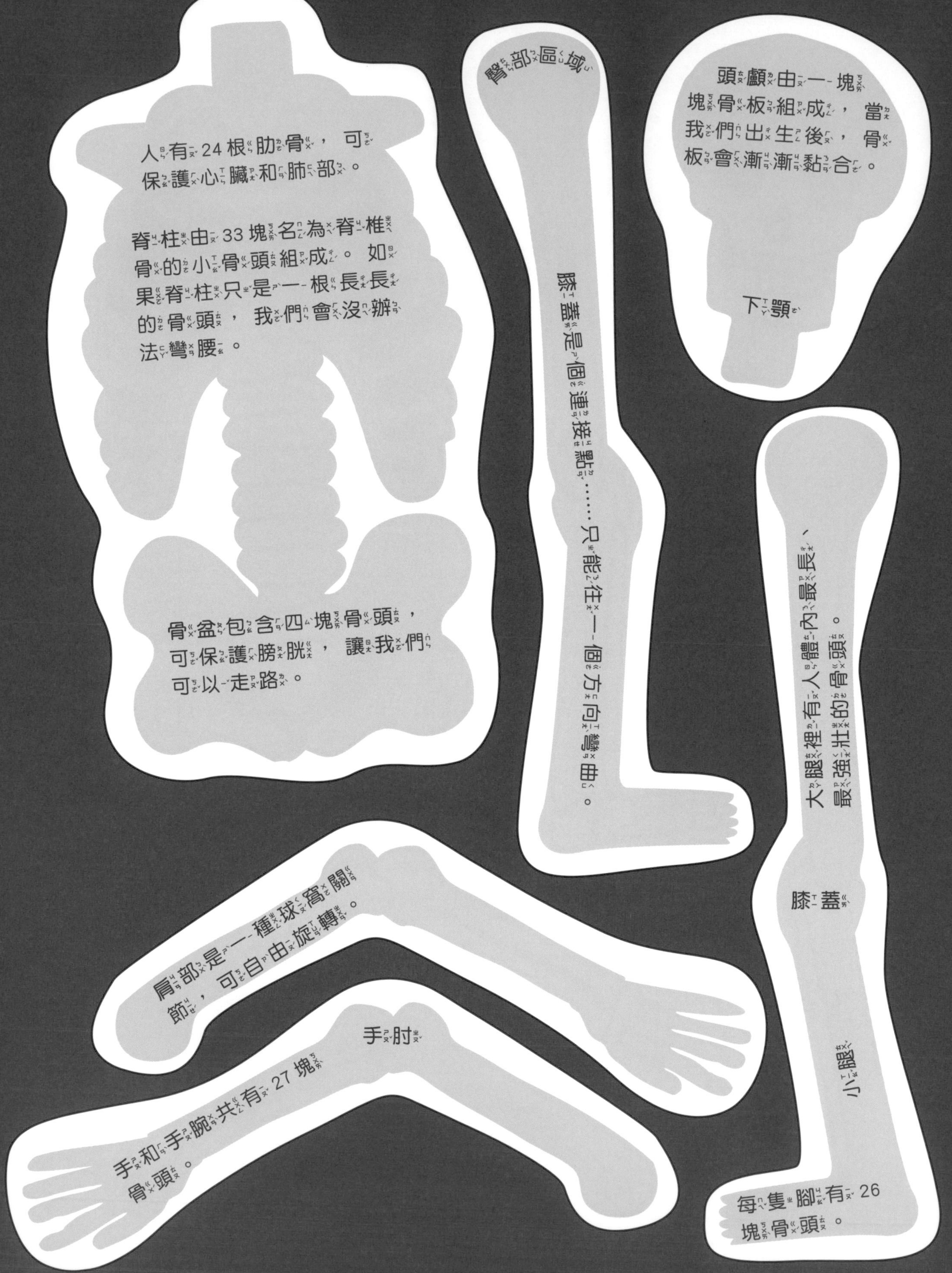
人有24根肋骨，可保護心臟和肺部。
脊柱由33塊名為脊椎骨的小骨頭組成。如果脊柱只是一根長長的骨頭，我們會沒辦法彎腰。
骨盆包含四塊骨頭，可保護膀胱，讓我們可以走路。
臀部區域
膝蓋是個連接點……只能往一個方向彎曲。
頭顱由一塊塊骨板組成，當我們出生後，骨板會漸漸黏合。
下顎
大腿裡有人體內最長、最強壯的骨頭。
膝蓋
小腿
每隻腳有26塊骨頭。
肩部是一種球窩關節，可自由旋轉。
手肘
手和手腕共有27塊骨頭。

蝴蝶或蛾？

專門研究蝴蝶跟蛾的生物學家也稱為鱗翅目昆蟲學家，他們利用以下的特徵來分辨這兩類昆蟲。

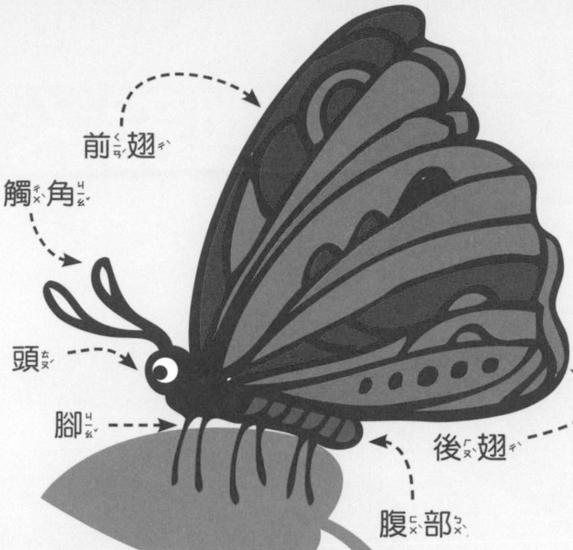

蝴蝶的翅膀上往往有鮮豔而明顯的圖案。

蛾的翅膀一般比較黯淡，這能讓牠們更容易隱藏在環境中。

蝴蝶有細的觸角和光滑的身體。

蛾通常有羽毛狀的觸角和毛茸茸的身體。

蝴蝶休息時翅膀會闔起來。

蛾在休息時翅膀會打開。

利用上面的線索，想想看哪兩隻是蝴蝶，哪兩隻是蛾。

A ______________

B ______________

C ______________

D ______________

答案請見第 79 頁。

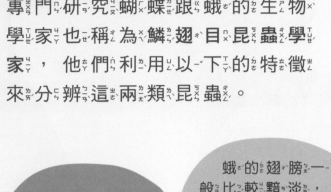

設計機器人

機器人是可執行特定任務的機器，具有特別設計的程式。

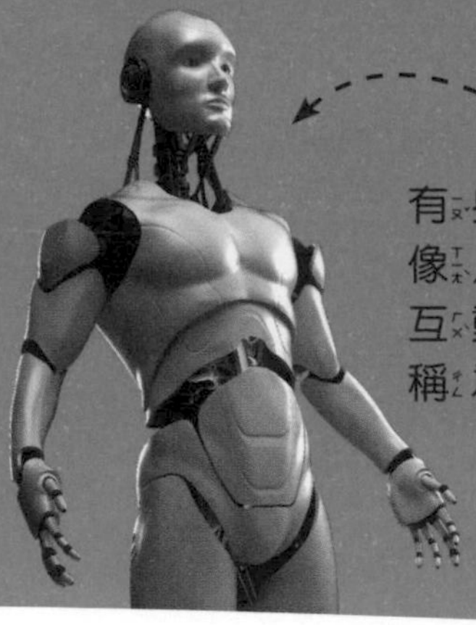

有些機器人的外形像人，用來跟人類互動，這種機器人稱為人形機器人。

利用這個空白來設計你的機器人。

它可以用來做什麼？

做三明治？
拍照？
遛狗？

它要如何四處跑？

利用螺旋槳？
輪子？
腳？

你想要它長什麼樣子？

像是長了手腳的箱子？
人形機器人？
會飛的無人機？

它需要什麼工具？

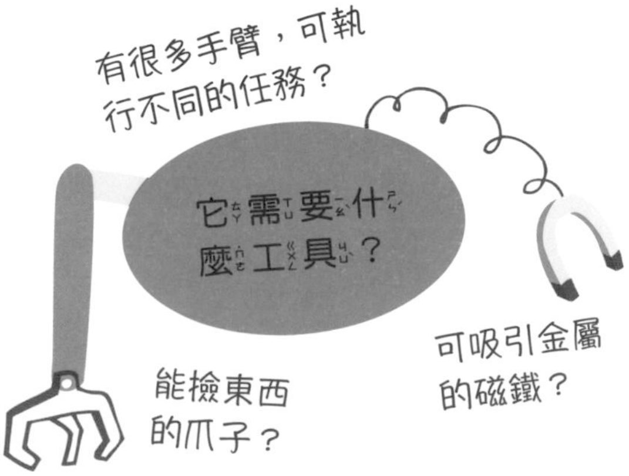

有很多手臂，可執行不同的任務？
能撿東西的爪子？
可吸引金屬的磁鐵？

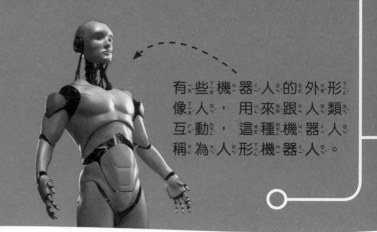

會飛的無人機機器人上面裝了強大的攝影機，可拍攝遠方景象。

工業機器人配備了特殊工具，能在工廠工作。這個機器人正在焊接汽車的排氣管。

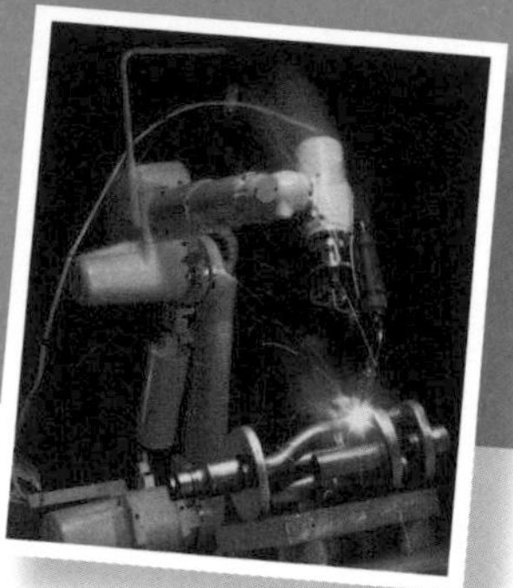

有些工作對人類來說太危險了，這時就可派機器人上場。這個處理未爆彈的機器人裝了攝影機和遙控裝置，讓人類能從安全的距離外操作。

機器人的名稱：________________

任務：________________

眼睛上當了！

我們的大腦會不斷從眼睛接收訊息，並進行解釋。但大腦有時會犯錯，讓我們看到不存在的東西……

漂浮的手指

把手像這樣舉著。

眼睛盯著手指後面的某樣東西看。

這時會出現一段漂浮的手指。

會出現漂浮的手指，是因為來自兩眼的訊息交互重疊了。當大腦試著融合這些訊息，就產生了假的影像。

後像

盯著圖上打叉的地方30秒，然後看著下方的空白，你看到了什麼？

把右方的圓圈塗成粉紅色，圈外背影塗成綠色。盯著它看30秒，然後看著下方的空白，顏色發生變化了嗎？

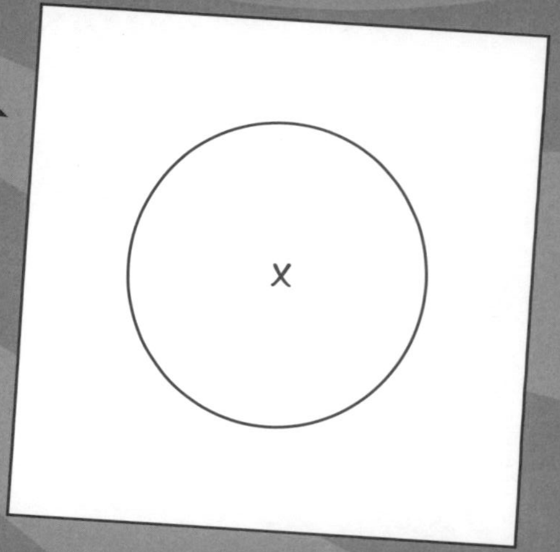

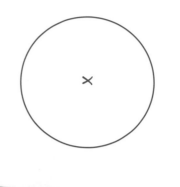

盯著某個東西看之後，把視線移開時看到的影像，稱為後像。這是因為我們眼睛裡的細胞還在運作的關係。

如果盯著強烈的色彩看很長一段時間，偵測這種顏色的細胞會變得疲勞，當移開視線時，由偵測其他顏色的細胞接手運作，我們看到的後像顏色也就和原來的不一樣了。

以打叉的地方為中心，在方格裡畫一個簡單的圖形，然後用鮮豔的顏色塗滿。

盯著它看 30 秒，然後看著上面的空白，是否看到了右方圖形的後像呢？

X

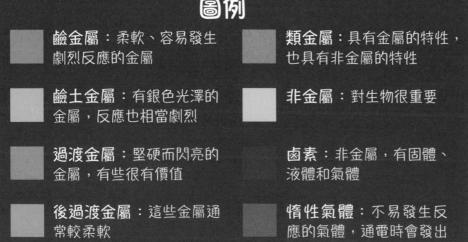

週期表

宇宙中的每一樣東西都是由元素構成的，元素又由微小的原子組成。科學家把元素按順序排成了一張表，稱為週期表，並且依照元素的外觀和作用方式等特性，把它們分成一群一群的。

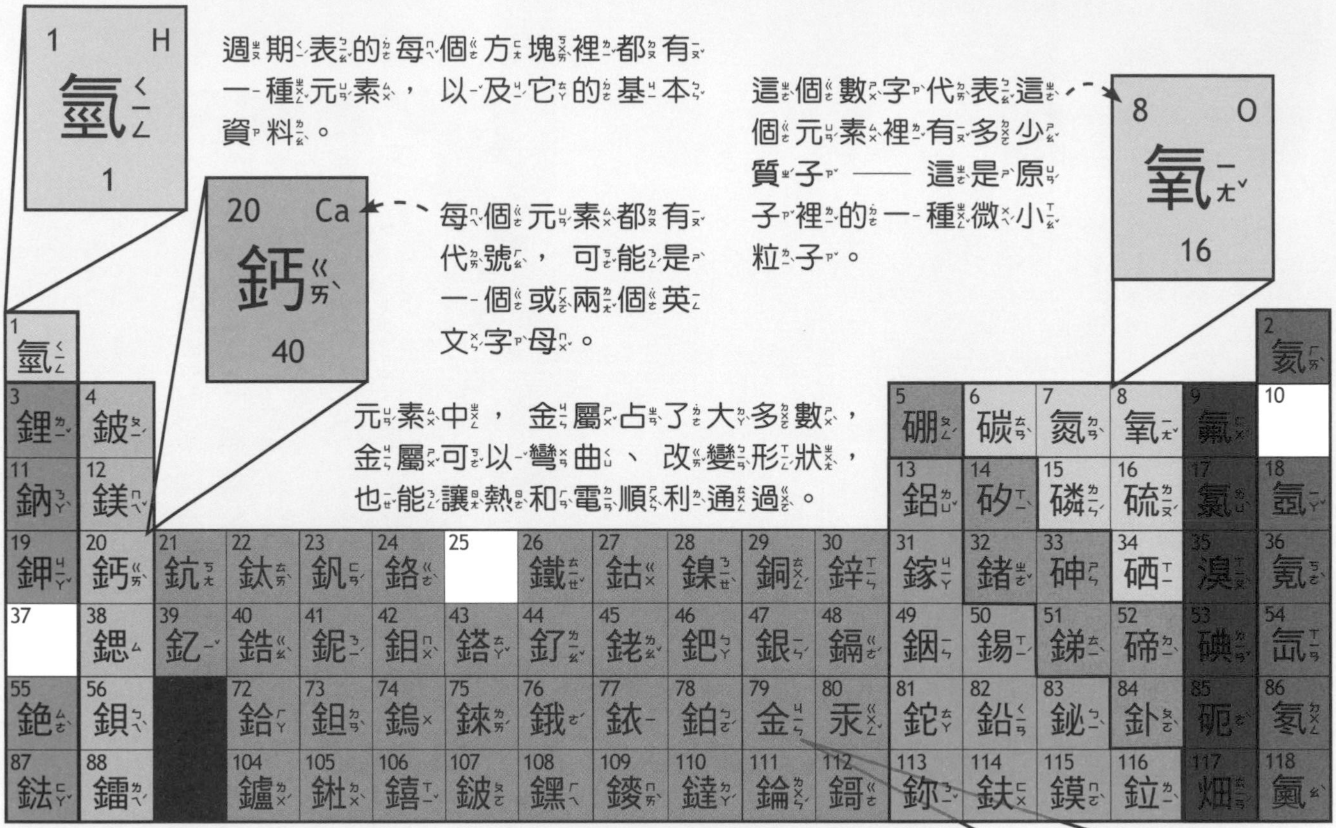

1 H
氫
1
週期表的每個方塊裡都有一種元素，以及它的基本資料。
20 Ca
鈣
40
每個元素都有代號，可能是一個或兩個英文字母。
這個數字代表這個元素裡有多少質子——這是原子裡的一種微小粒子。
8 O
氧
16
元素中，金屬占了大多數，金屬可以彎曲、改變形狀，也能讓熱和電順利通過。
1 氫
2 氦
3 鋰
4 鈹
5 硼
6 碳
7 氮
8 氧
9 氟
10
11 鈉
12 鎂
13 鋁
14 矽
15 磷
16 硫
17 氯
18 氬
19 鉀
20 鈣
21 鈧
22 鈦
23 釩
24 鉻
25
26 鐵
27 鈷
28 鎳
29 銅
30 鋅
31 鎵
32 鍺
33 砷
34 硒
35 溴
36 氪
37
38 鍶
39 釔
40 鋯
41 鈮
42 鉬
43 鎝
44 釕
45 銠
46 鈀
47 銀
48 鎘
49 銦
50 錫
51 銻
52 碲
53 碘
54 氙
55 銫
56 鋇
72 鉿
73 鉭
74 鎢
75 錸
76 鋨
77 銥
78 鉑
79 金
80 汞
81 鉈
82 鉛
83 鉍
84 釙
85 砈
86 氡
87 鍅
88 鐳
104 鑪
105 𨧀
106 𨭎
107 𨨏
108 𨭆
109 䥑
110 鐽
111 錀
112 鎶
113 鉨
114 鈇
115 鏌
116 鉝
117 鿬
118 鿫
79 Au
金
197
這個數字代表這個元素有多重。最輕的元素是氫（H）。週期表愈右邊和愈下方的元素愈重。

圖例

- **鹼金屬**：柔軟、容易發生劇烈反應的金屬
- **鹼土金屬**：有銀色光澤的金屬，反應也相當劇烈
- **過渡金屬**：堅硬而閃亮的金屬，有些很有價值
- **後過渡金屬**：這些金屬通常較柔軟
- **類金屬**：具有金屬的特性，也具有非金屬的特性
- **非金屬**：對生物很重要
- **鹵素**：非金屬，有固體、液體和氣體
- **惰性氣體**：不易發生反應的氣體，通電時會發出明亮的顏色

想想看，下面三種元素應該放進週期表的哪個空格裡。把它們的代號寫進左頁週期表上的空格裡，然後塗上相符的顏色。

Rb	Ne	Mn
銣	氖	錳
85	20	55
特性：丟進水裡會發生劇烈反應。柔軟的金屬。	特性：通電時會發出鮮豔的紅光。氣體。	特性：銀灰色。堅硬的金屬。

答案請見第 79 頁。

科學家想打造某些物體時，有時會想像一些具有合適特性的假元素，稱為難得素。你也可以發明自己的難得素，想想看它能用來做什麼，需要具備什麼特性。

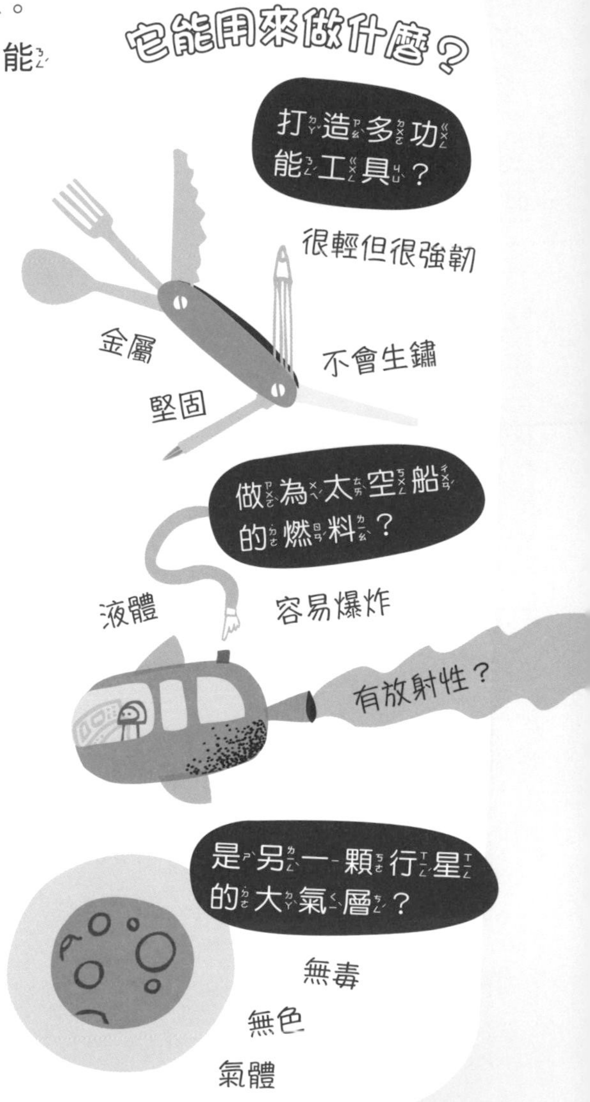

它能用來做什麼？
打造多功能工具？
很輕但很強韌
金屬
不會生鏽
堅固
做為太空船的燃料？
液體
容易爆炸
有放射性？
是另一顆行星的大氣層？
無毒
無色
氣體

幫你的難得素取個名字和代號，寫在這裡。

奈米技術

奈米是很小很小的單位，奈米技術指的是創造和使用很小很小的結構，大概只有原子那麼小。很多奈米技術會使用碳原子，碳原子存在很多地方，包括你的身體和鉛筆的筆芯——石墨。

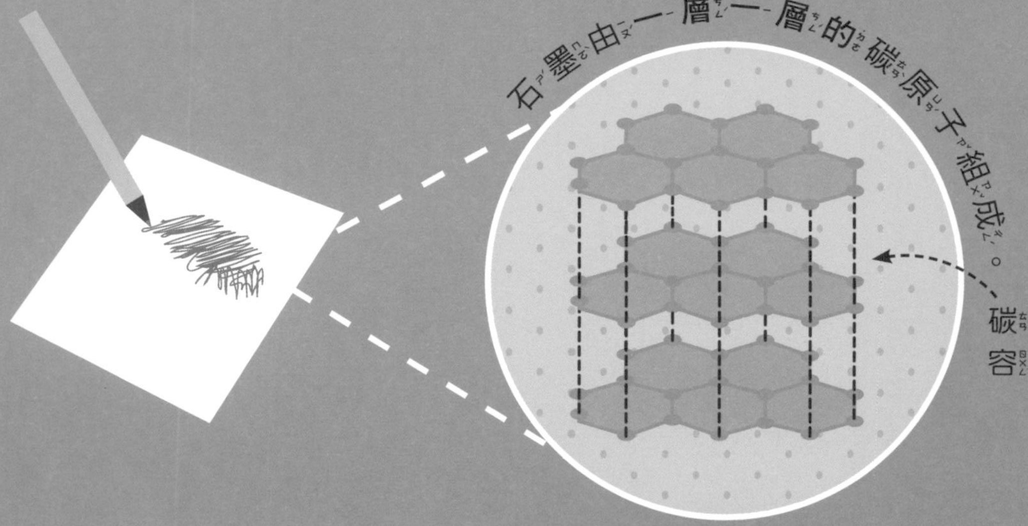

石墨由一層一層的碳原子組成。
碳原子層很容易滑落。

2010年，物理學家蓋姆和諾伏西羅夫因為分離出單一層的石墨薄膜而獲得諾貝爾獎。

他們稱這種材料為石墨烯。

動手做：

試試看蓋姆和諾伏西羅夫獲獎的方法。

1. 用一般的HB鉛筆在這裡塗一塗，製造一小片石墨。

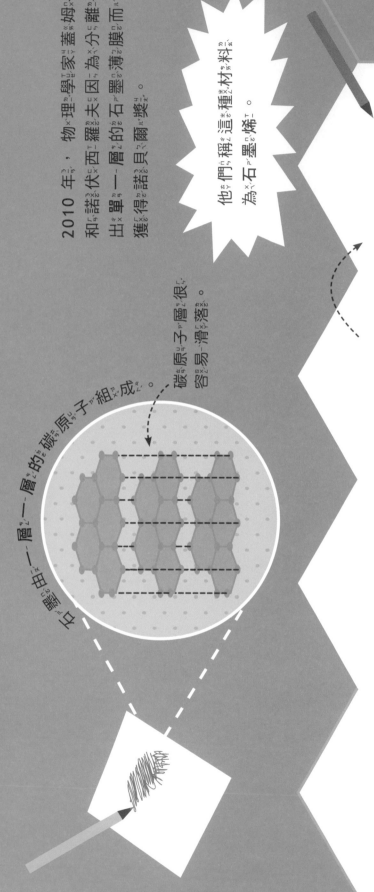

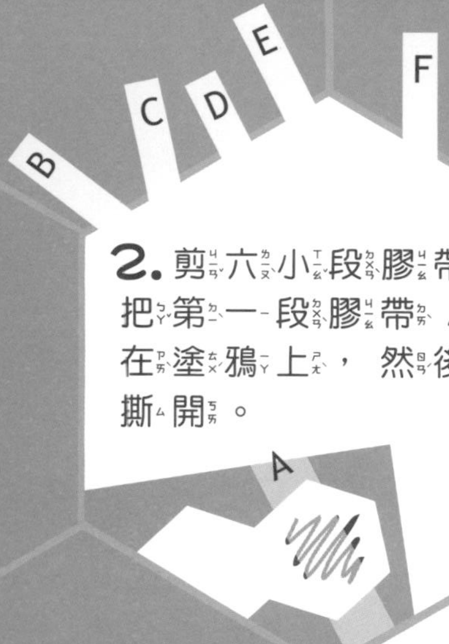

2. 剪六小段膠帶。把第一段膠帶 A 貼在塗鴉上，然後再撕開。

3. 把膠帶 B 貼在膠帶 A 黏有石墨的一面，然後撕開。

4. 把膠帶 A 黏在方框 A 上。現在膠帶 B 上有了比較薄的石墨層。

5. 重複 3 和 4 的步驟，直到用完所有的膠帶。

不斷重複這個過程，經過無數次之後，蓋姆和諾伏西羅夫得到了只有一個原子厚的石墨烯。翻到下一頁，可以學到更多有關石墨烯的知識，並且了解它為什麼很有用……

把膠帶黏在這些方框裡。你應該會發現，膠帶上石墨的顏色變得愈來愈淡了。

A

B

C

D

E

F

石墨烯是目前科學家所知最強也最有彈性的材料。

把一整片的石墨烯捲起來，可以製造奈米管。

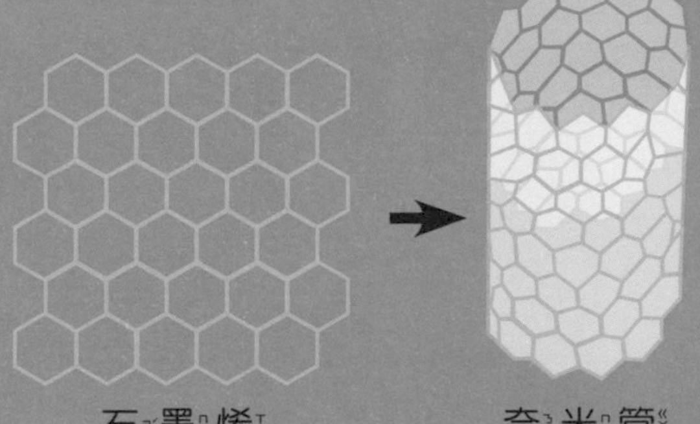

奈米管非常堅固，也非常輕。科學家正在尋找方法，想用它們製造交通工具，以及其他各種物品。

你想用奈米管製造什麼交通工具呢？畫在下面的空白裡。

它要如何前進？

用輪子？翅膀？帆？火箭？還是踏板？

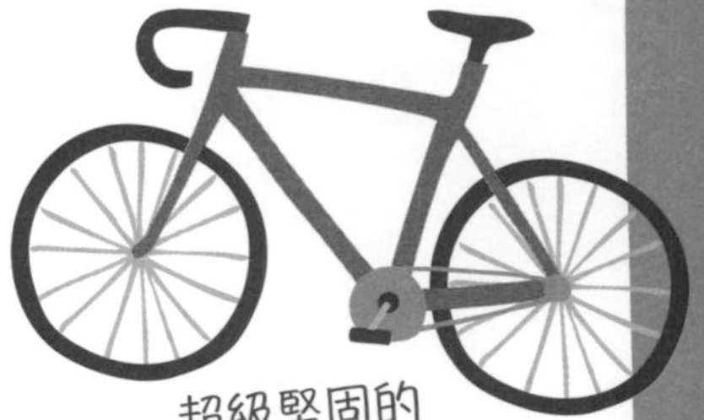

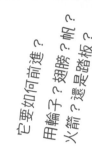

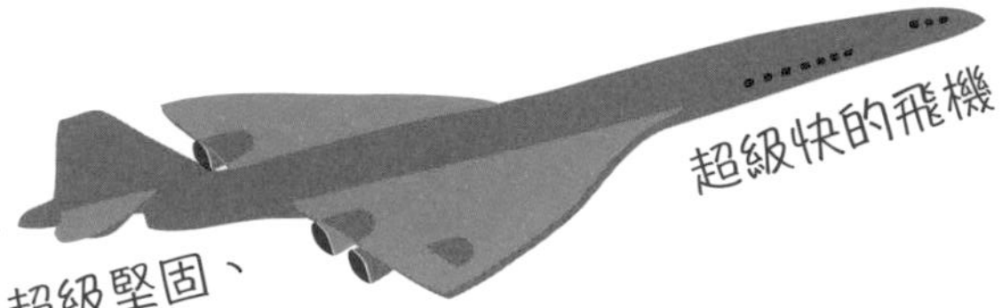

咻！

你這架超級堅固、
超級快的交通工具，
最厲害的特色是什麼？不會壞？
非常非常快？可以收得很小？

它會在哪裡航行？空中？
陸上？水下？太空中？

關於傳染病

有不少傳染病是由病毒造成的。病毒這種微小的粒子，能在人與人之間傳播，造成疾病。

想像一下，有一個人得到水痘病毒，這個人把病毒傳染給三個人，其中每個人又傳染給另外三個人，接著，傳染的現象消失了。用畫線的方式追蹤病毒怎麼傳染，再算一算共有多少人得到水痘。

受感染的病人

從未接觸過病毒的人

許多種病毒在我們感染之後，就無法再次感染我們，這種現象稱為免疫。

得過水痘、已經免疫的人

沒打疫苗的狀況

總共有________人感染水痘。

每個病人都康復了，現在有多少人免疫呢？__________人

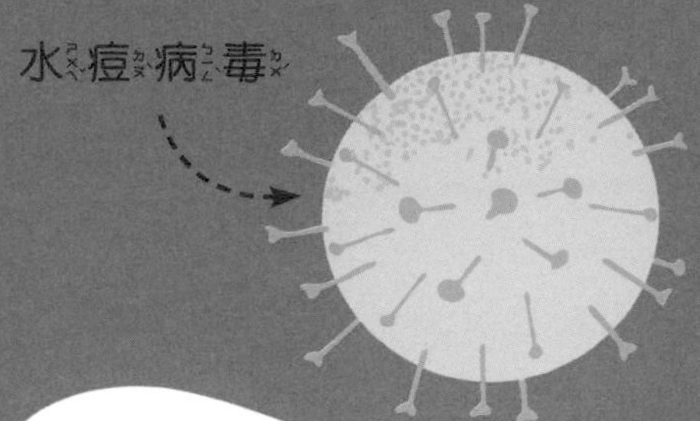

現在再想像一下，假如同樣一批人接觸到水痘，但這次有些人已經注射過疫苗，所以早就免疫了。如果每個病人還是把病毒傳染給三個人，狀況會是如何？用畫線的方式追蹤病毒怎麼傳染。

疫苗怎麼運作？

疫苗裡含有少量已經死亡或變弱的病毒，能讓我們的身體學會如何對抗病毒，當遇到真正的病毒時，就能免疫。

● 注射過疫苗、已經免疫的人

有打疫苗的狀況

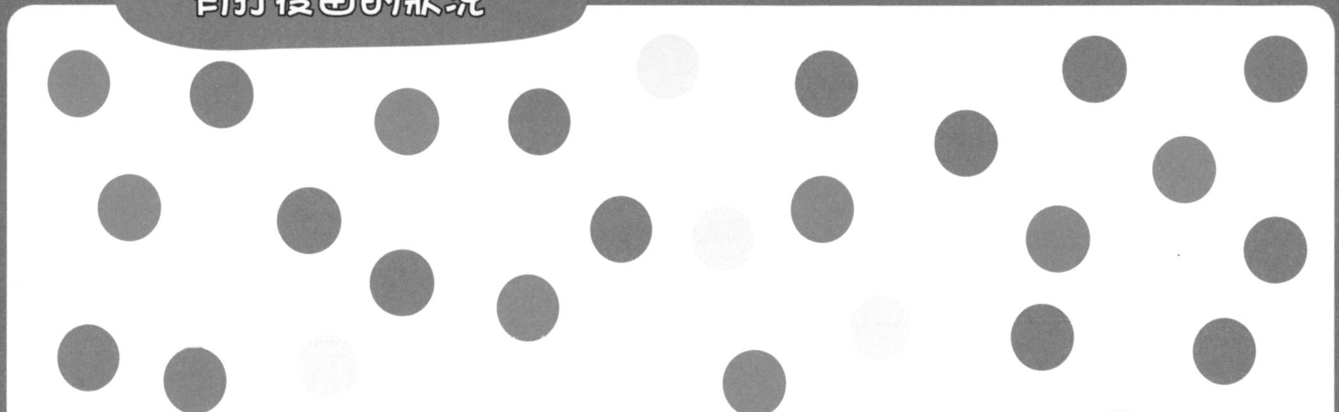

這一次，總共有________人感染水痘。

現在有多少人免疫呢？__________人

答案請見第79頁。

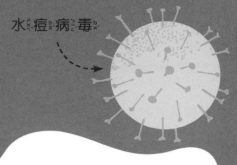

太陽系

太陽系包括太陽，還有一系列繞著太陽運行的行星，以及繞著行星轉的衛星。

在龐大的宇宙裡，太陽系只是一個很小的系統，但即使如此，各個星體之間的距離依然非常遙遠。

動手做

先把接下來四頁的樣板影印下來，或從 ys.ylib.com/activity/STEAM/SCIENCE/ 下載。把紙條剪開，按照順序前後黏貼起來。

每張紙條都有一個號碼。

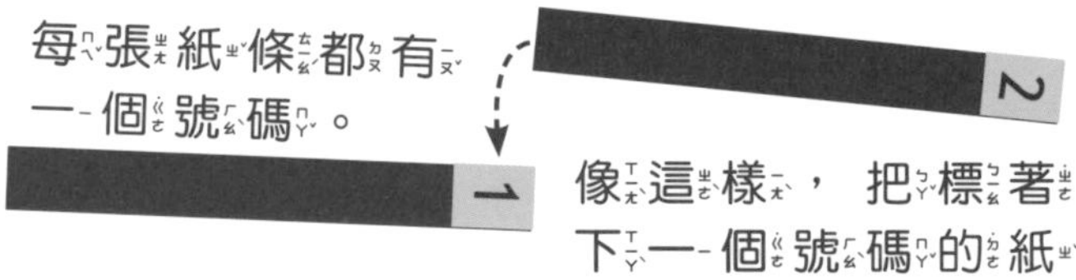

像這樣，把標著下一個號碼的紙條，黏在前一個號碼的紙條上。

小心黏好，確認黏貼的地方不會露出綠色。

這個模型上的一公分代表真實世界的 2000 萬公里。

1 cm
= 20,000,000 km

紙條背面寫的是以英里為單位的距離。

把所有紙條接起來之後，試著把它攤開拉長，感受一下太陽系裡真正的距離。

各個行星跟太陽之間的距離按比例排列，但是行星的大小並沒有照比例畫。（如果一切都按比例畫，太陽會變成一個小點，行星會小到看不見。）

太陽是我們這個太陽系的中心

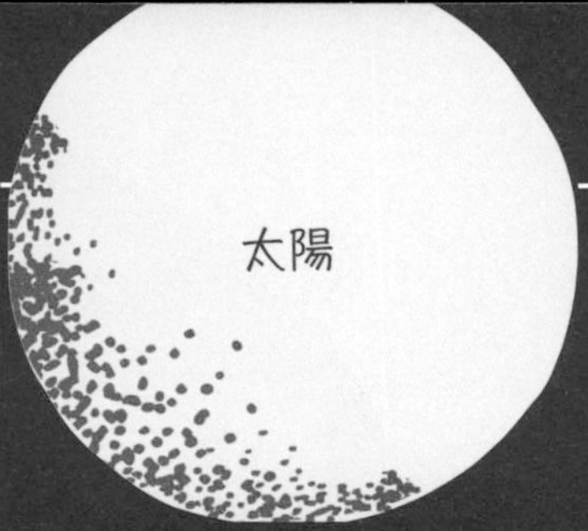

水星
平均距離太陽約 5800 萬公里

金星
平均距離太陽約 1 億 800 萬公里

地球
平均距離太陽約 1 億 5000 萬公里

月球是人類到過最遠的地方。

火星
平均距離太陽約 2 億 2800 萬公里

1

小行星帶　距離太陽 3 億 2900 萬至 4 億 7800 萬公里

小行星帶位在火星和木星之間，大約有 1 億 5000 萬公里寬。這裡充滿了由岩石構成的小行星。

2

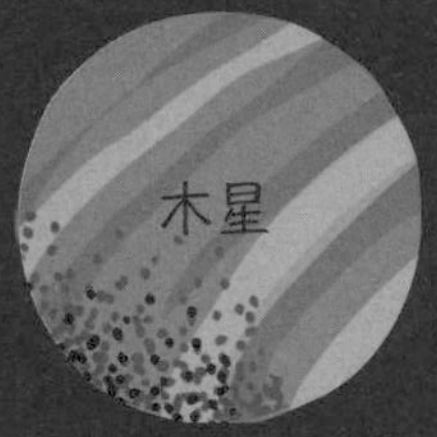

平均距離太陽約 7 億 7800 萬公里

木星是太陽系裡最大的行星，大到可以塞進 1300 多個地球。

3

土星和木星是氣態的巨大行星，稱為**氣態巨行星**，主要由氫氣和氦氣組成。

土星

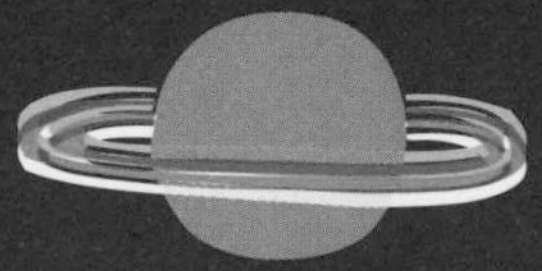

土星環的成分是冰

平均距離太陽約 14 億 3000 萬公里

4

5

行星因為受到太陽強大的重力牽引，所以能保持在軌道上運行。

6

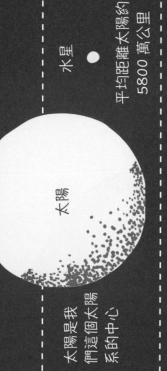

火星

平均距離太陽約
1 億 4200 萬英里

地球

平均距離太陽約
9300 萬英里

金星

平均距離太陽約
6700 萬英里

水星

平均距離太陽約
3600 萬英里

太陽

小行星帶

距離太陽 2 億 400 萬～ 2 億 9700 萬英里

木星

平均距離太陽約
4 億 8400 萬英里

土星

平均距離太陽約
8 億 8600 萬英里

天王星

天王星和海王星是**冰巨行星**，內部主要由冰凍的水、甲烷和氨組成。

平均距離太陽約 28 億 7000 萬公里

7

8

太空中那無邊無際的空間裡，大部分就只是……空間，偶爾會有一點點灰塵、一些氣體原子，但絕大部分是空無一物。

9

10

海王星

平均距離太陽約 45 億公里

11

1977 年，人類發射了一艘名為**航海家**的探測器，前往探索太陽系的外圍。它在 1989 年通過海王星，然後在 2012 年離開太陽系——這是人造物體到過最遠的距離，而且它還在繼續前進。

矮行星**冥王星**距離這裡還有幾十億公里……

天王星

平均距離太陽約
17 億 8000 萬英里

海王星

平均距離太陽約
28 億英里

指紋

有一種職業稱為鑑識科學家，他們會在犯罪現場進行調查，尋找指紋。每個人的指紋都是獨一無二的，跟任何人都不一樣，所以指紋是證明某個人曾經到過現場的好方法。

你的指紋看起來是什麼樣子？

試試看： 用普通的HB鉛筆在這個圓圈裡塗鴉，直到變成厚實的深灰色。

把一根手指壓在塗鴉上，然後在這個空白裡按一下。

其他幾根手指也試一試。

指紋主要有三種類型，看看你有哪幾種？

弧形紋

箕形紋

斗形紋

我的指紋類型：

科學家不確定指紋是如何形成的。小寶寶在媽媽子宮裡經歷的狀況會對指紋造成影響，因為沒有人會經歷完全一樣的狀況，所以沒有任何人的指紋會完全相同。

即使是長相一模一樣的雙胞胎，指紋也不會一樣。

想像實驗

研究科學常常必須做實驗，但是有些實驗就是沒辦法進行，這時你只能用想像的，推測可能會發生什麼事情。這種過程稱為想像實驗。

物理學家愛因斯坦曾經提出一些有名的想像實驗……

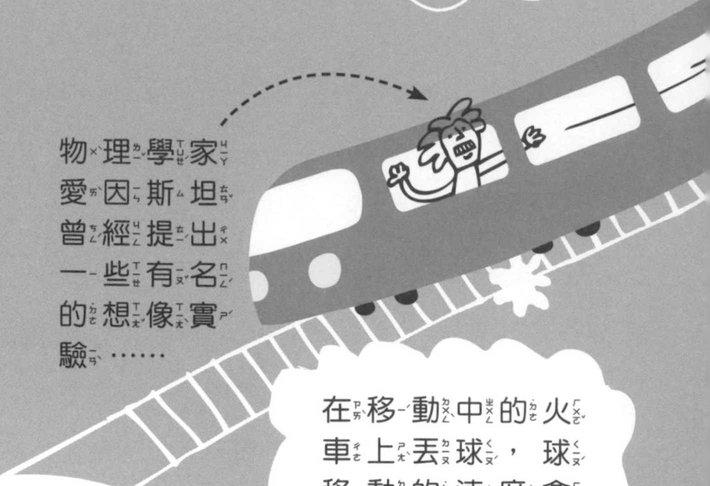

在移動中的火車上丟球，球移動的速度會是多少？

你覺得呢？

如果人類從不曾出現，地球會是什麼樣子？寫下或畫出你的想法。

大地看起來會不一樣嗎？

地球會變得更好還是更糟？或者都不會？

想像實驗是探索想法的工具……

以光速旅行時，時間會變慢嗎？

如果以光速旅行，會看到什麼？

愛因斯坦利用當時的數學和事實，對自己的問題提出答案。科學家現在認為，他的想法大多是正確的。

如果其他行星上有生命，看起來會是什麼樣子？

會跟地球上的任何生物相似嗎？

那裡跟地球一樣有很多種生物嗎？還是只有一種？

它們會有身體嗎？還是只有單一個細胞，像細菌一樣？

答案並沒有對錯。

大突破！

這些科學家有哪些著名的發現、理論或發明呢？
試著根據圖裡的線索配對看看。

牛頓

南丁格爾

弗萊明

勒芙蕾絲

居禮夫人

拉瓦節

1778 年發現：
氧

發現物體要在空氣中才能燃燒，是空氣中的氧幫助它們燃燒。

1856 年發明：
新型統計圖表

協助發展了統計學，並且創立了現代護理。

1842 年發明：
第一個電腦程式

編寫這個程式，是為了預測白努利數列的數字。

1687 年發現：
重力如何運作

一顆蘋果從樹上掉下來，讓他受到啟發，傳說從此誕生……

1903 年發現：
放射性

是第一位贏得諾貝爾獎的女性。事實上，她得過兩次諾貝爾獎。

1928 年發現：
青黴素

來自黴菌，可以殺死細菌。是現在重要的藥物。

答案請見第 80 頁。

如果你想成為有名的科學家，你想發明或發現什麼呢？ 在這裡寫下來或畫出來， 做一些設計或描述……

你想成為……

電腦科學家，創造出非常聰明的機器人？

工程師，設計出世界上最高的建築物？

物理學家，想出可以解釋一切事物的理論？

生物學家，發現新物種？

化學家，找到全新的元素？

天文學家，發現沒人看過的行星？

解答

20～21 這些動物是哪一類？

脊索動物門
黑猩猩、龜、紅鶴、
青蛙、鮭魚、鯨

軟體動物門

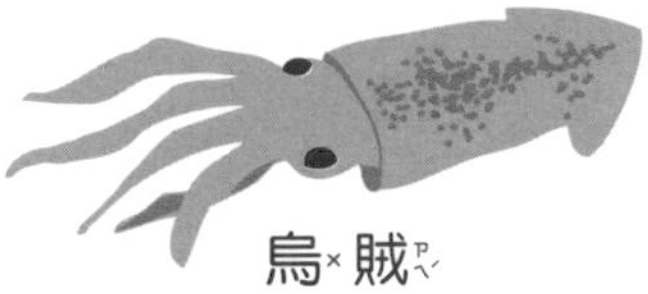
烏賊

蝸牛

節肢動物門

甲蟲

蠍子

哺乳類

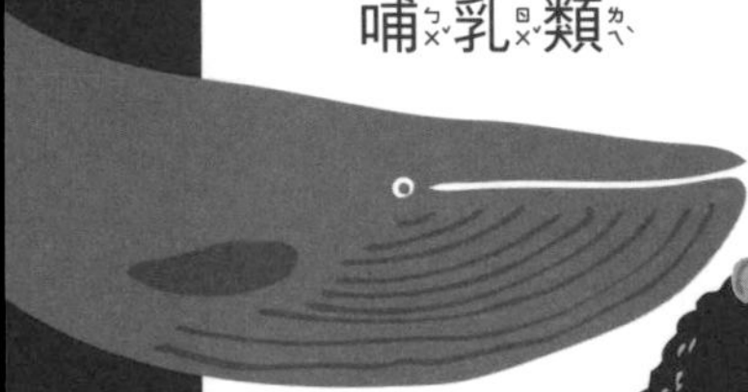
鯨

黑猩猩

鳥類

紅鶴

兩棲類

青蛙

爬蟲類

龜

魚類

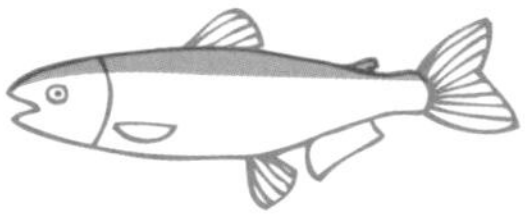
鮭魚

22～25 請你往前進

程式 B

↻	→	→	→	↺	→	→

程式 C

→	→	↻	→	→	↻	→	→
↺	→	→	→	↺	→	→	

22 ~ 25 請你往前進（續）

程式D

故障的程式

已除錯的程式

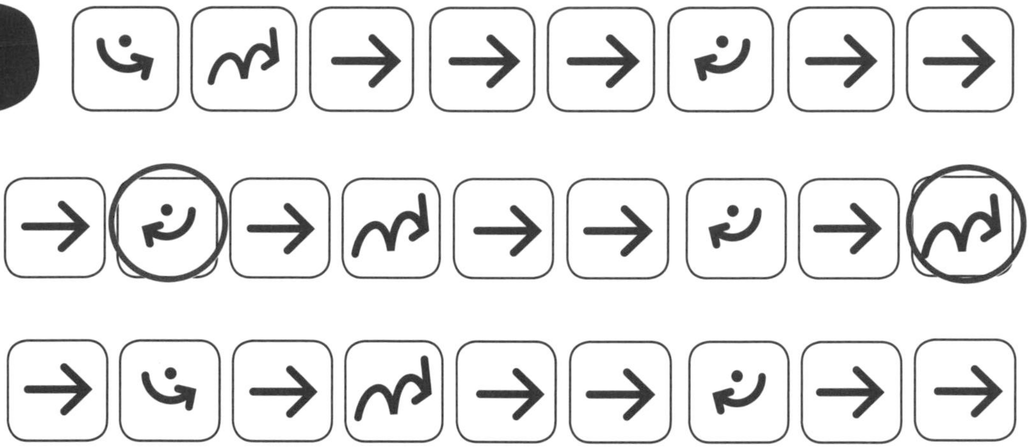

程式E ＝ 機器人2號

程式F ＝ 機器人1號

26 光線迷宮

光線會照到字母F。

28 ~ 29 夜空

共有：

50顆恆星

2顆行星

1顆衛星

3顆流星

1顆月球

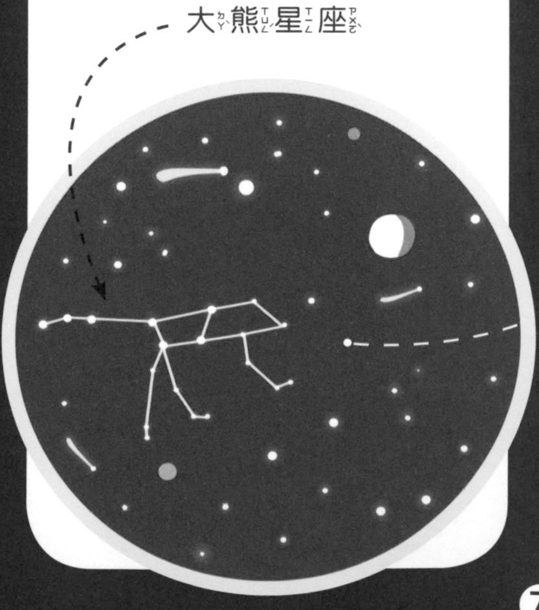

35 在世界的哪個地方？

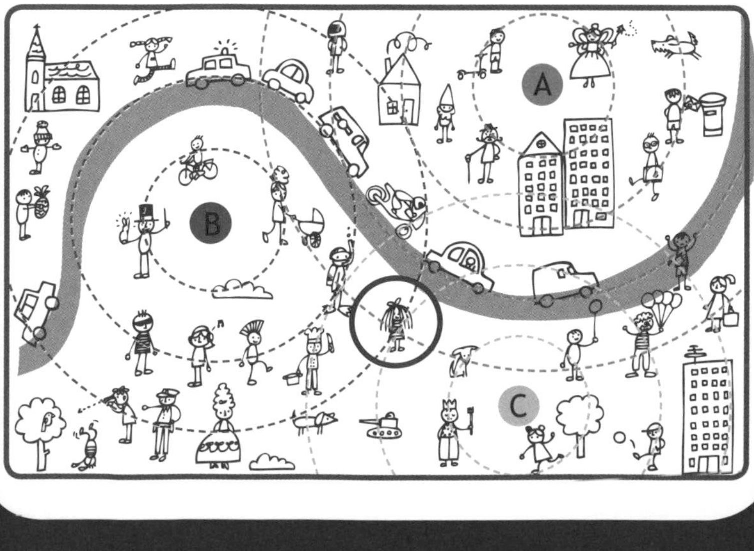

36 ~ 37 鏡子裡的文字

祕密訊息是：Learning never exhausts the mind，中文的意思是學習永遠不會讓心智疲累。

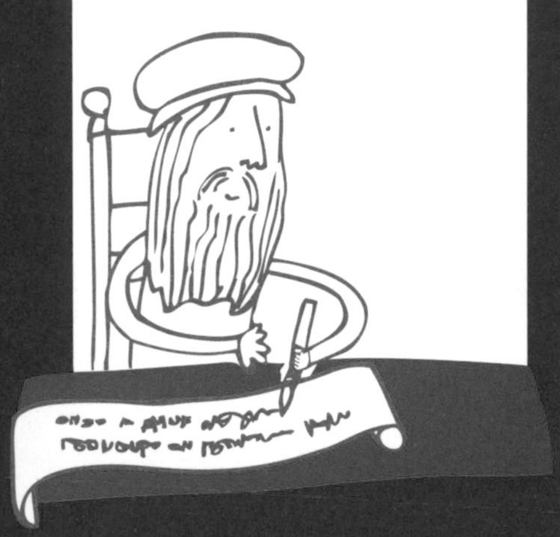

40 ~ 41 人人都有電

波浪起伏的海面
強風吹拂的海岸
火山
城市
山
瀑布
河流
小鎮
又熱又乾的沙漠
平靜的海灣

水力發電廠可說立在河流中，但設在瀑布能產生更多的能量，因為瀑布的水流非常湍急。

人力發電地磚可設在小鎮，也可設在城市，但城市的規模比較大，可能產生更多的能量。

43 顯微世界

A　跳蚤

B　花莖裡的細胞

C　人類的神經細胞

D　蝴蝶翅膀

45 看見光

圓盤 A - 15

圓盤 B - 57

圓盤 C - 74

色盲的人可能在圓盤 C 裡看到 21。

重要事項：
如果你沒看出上面解答裡的數字，別擔心。這些圓盤只是複製品，而且只是完整測試裡的三個例子，書裡圖片的顏色也可能有誤差，這無法取代正式的測試。

48 ~ 49 動物的旅程

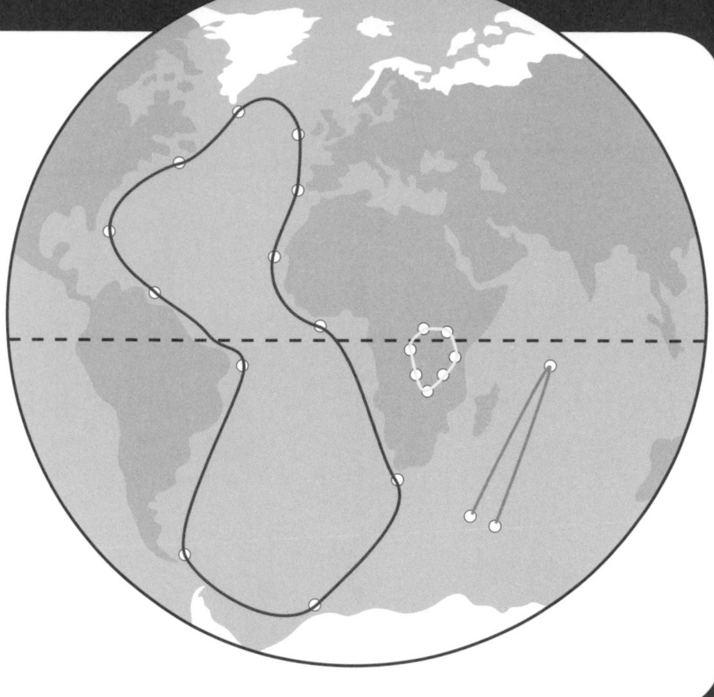

53 蝴蝶或蛾？

A 蝴蝶　B 蝴蝶　C 蛾　D 蛾

58 ~ 59 週期表

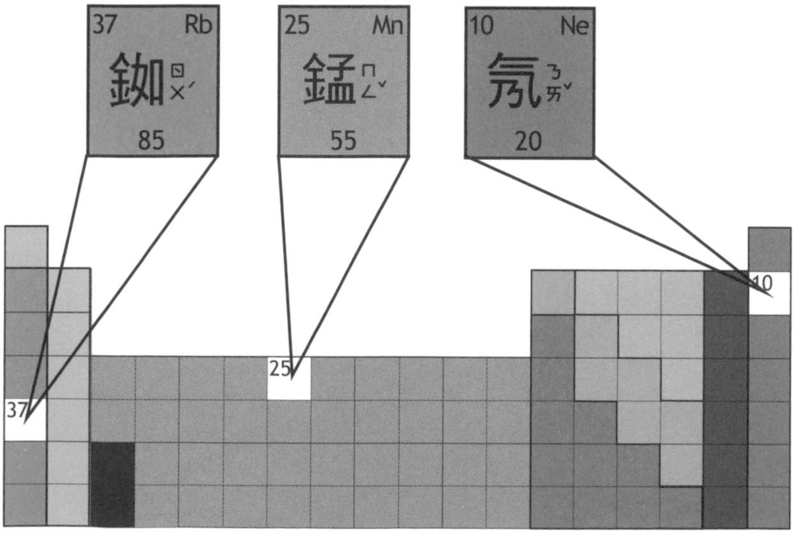

64 ~ 65 關於傳染病

沒打疫苗的狀況：

共有13人受到感染。一旦每個人都康復，共有31人免疫。

有打疫苗的狀況：

有11人受到感染。現在65個人全都免疫了。

74 大突破！

牛頓
發現：重力如何運作

南丁格爾
發明：新型統計圖表

弗萊明
發現：青黴素

勒芙蕾絲
發明：第一個電腦程式

居禮夫人
發現：放射性

拉瓦節
發現：氧

圖片來源： p.12 - Artist's concept of a NASA Mars exploration rover, Courtesy of NASA/JPL-Caltech. p.36 - Leonardo da Vinci's writing © Science, Industry and Business Library, General Collection/New York Public Library/Science Photo Library. p.43 - Fleas, SEM © Steve Gschmeissner/Science Photo Library; Lily stalk, SEM © Marek Mis/Science Photo Library; Brain cells, SEM © Nancy Kedersha/UCLA/Science Photo Library; Butterfly wing SEM © Frank Fox/Science Photo Library p.53 - A) Adonis blue butterfly © Heath McDonald/Science Photo Library; B) Swallowtail butterfly © Leslie J Borg/Science Photo Library; C) Rosy footman moth © Nigel Downer/Science Photo Library; D) Polyphemus moth © Matt Meadows/Science Photo Library. p.54 - Android © Science Picture Co/Science Photo Library. p.55 - Drone © Didier Lebrun/Reporters/Science Photo Library; Welding robot © David Parker, 600 Group Fanuc/Science Photo Library; Bomb disposal robot © Spencer Grant/Science Photo Library

特別感謝日本東京一新會基金會授權複製第 45 頁的石原氏色盲檢測圖

我的 STEAM 遊戲書：科學動手讀
作者／愛麗絲・詹姆斯（Alice James）
譯者／江坤山
責任編輯／陳雅茜、盧心潔
封面暨內頁設計／趙瑷
出版六部總編輯／陳雅茜
發行人／王榮文
出版發行／遠流出版事業股份有限公司
地址／臺北市南昌路 2 段 81 號 6 樓
郵撥／0189456-1 電話／02-2392-6899 傳真／02-2392-6658
遠流博識網／www.ylib.com 電子信箱／ylib@ylib.com
ISBN 978-957-32-8918-0
2021 年 1 月 1 日初版

定價・新臺幣 450 元

SCIENCE SCRIBBLE BOOK By Alice James

Traditional Chinese edition is published by arrangement with Usborne Publishing Ltd. through Bardon-Chinese Media Agency.

國家圖書館出版品預行編目（CIP）資料
我的 STEAM 遊戲書：科學動手讀 / 愛麗絲．詹姆斯（Alice James）作；江坤山譯. – 初版. – 臺北市：遠流出版事業股份有限公司，2021.01 80 面； 公分 注音版
譯自：Science scribble book
ISBN 978-957-32-8918-0（精裝）
1. 科學實驗 2. 通俗作品 303.4 109019280